エニアック

世界最初のコンピュータ開発秘話

スコット・マッカートニー 著／日暮雅通　訳

パーソナルメディア

ENIAC

The Triumphs and Tragedies of the World's First Computer

by

Scott McCartney

Permission for this edition was arranged with Walker and Company.

Japanese translation rights arranged with Walker and Company, New York
through Tuttle-Mori Agency, Inc., Tokyo

ENIAC

ENIAC前のプレスパー・エッカート

ENIACの電子基板を手にするハーマン・ゴールドスタイン（左）とエッカート

UNIVAC I（左からモークリー、レスリー・グローヴス元大将、エッカート）

写真提供：日本ユニシス株式会社

コンピュータなしの世界など考えられもしないはずの
アビィとジェニーへ

目次

エニアック

世界最初のコンピュータ開発秘話

はじめに
思考する人間のゲーム

一九九七年五月のこと、ロシア人のチェス世界チャンピオン、ガルリ・カスパロフが、コンピュータを相手に対局した。相手はチェス専用のある種の計算、つまり「思考」という計算用の特殊な回路を組み込んだＩＢＭ製コンピュータ、《ディープ・ブルー》だ。

その前年にも、カスパロフはディープ・ブルーと対局しているのだが、このときは、ひねった手に対する形勢判断ができないという相手の弱点をついて、勝利をものにした。ところが、この二回目の対戦では、前年より抜け目のなさを向上させたマシンに面食らい、飛躍的に上がった相手の計算速度に疲れはてて、人間対機械の六回戦に敗れてしまったのだった。

チェスは戦略のゲームであると同時に、戦闘性を備えたゲームでもある。何世代にもわたって知的な人たちを魅了してきたのは、明敏な頭脳だけでなく、熱情をも必要とするからだ。チェスは感情的な格闘であり、創造性への挑戦であり、戦略的戦いであり、ときには自尊心と忍耐力を試されるものでもある。それはあくまでも人間のゲームであって、計算ゲームではないのだ。生き物でないただの箱、電気の力で計算をするだけのただの機械が、なぜ人間界で最強のチェス・プレイヤーを負かすことなど、できたのだろうか？

カスパロフは、コンピュータの対応範囲の広さに圧倒されたということを、自覚している。彼はこのハンダとシリコンのかたまりを出し抜こうとして、打ち方のスタイルをさまざまに変えたのだが、相手はつねに何歩か先にいた。人間であれば、究極的には自己の感情に負けてしまう。彼も時間がたつうちに何度かチャンスを逸し、ミスを犯すことになった。一秒間に何千もの手筋をチェックできるコンピュータは、彼よりも判断が速く、しかも注意深かった。より抜け目のないコンピュータが最終戦を制し、六回戦を勝利したのである。

一番の驚きは、機械の箱と何日ものあいだ対戦してきたカスパロフ自身が、相手についてもらした感想だ。ときには常識破りの打ち方をするので、自分の心を持っているかのようだった、と語ったのである。彼は全六回戦のうちのかなり長い一戦のあと、こう述べている。「あのマシンには、知性があるんじゃないかと思わせるところがあったよ。自分が考えるべきときを心得ているみたいでね」

たしかに、コンピュータはチェスの試合における〝策〟を仕込むことができるまでに成長した。その点では人間よりも速く、うまく〝考える〟ことができる。カスパロフが試合に負けたことは、人間の知性が機械に負けたという根本的な意味をもつと考える人は、多いだろう。

だが実際には、この五十年あまりにわたるコンピュータ・サイエンスの発達によって、小型化と処理速度の向上が加速度的に進み、信じられないほど低価格でパワフルなコンピュータが生まれたというだけのことなのである。

コンピュータは、ビジネスや旅行、政治、通信などの分野はもちろん、私たちの家庭のオーブンや庭のスプリンクラーまでコントロールし、この世界をさまざまなかたちで根底から変えてきた。経済の専門家たちは、コンピュータのおかげで社会全般にわたって生産性が向上したことにより、一九六〇年代以降のアメリカが飛躍的な経済成長をとげられたのだと考えている。コンピュータがなかったなら、拡張を持続させるだけの労働力を集めることもできず、アメリカが第二次大戦後の成長を実現するのは難しかったろう。

コンピュータはまさにぴったりの時期に出現し、経済が人間の頭脳の限界によって抑制され、紙の洪水に埋もれてしまうのを、防いだのだった。コンピュータは、アメリカやその他の工業先進国の生活水準を高めてきた。アジアやラテン・アメリカ、アフリカの諸国における急速な経済発展にしても、低価格で高性能のマシンがもたらしたものなのだ。そして今、人間の造り出したこの道具は、さらなる進歩をとげた。一見知性と思えるものを備え、チェスのグランドマスターの裏をかくまでになったのである。

では、このすばらしい発明は、どのようにしてなされたのだろうか？　電子を使って計算するなどということを最初に思いついたのは、いったい誰なのか？　機械に電流を流すことで計算や分析や思考ができるかもしれないなどという考えは、ばかげたものと思われなかったのだろうか。電気は明かりになるし、物を動かすこともできる。だが、エネルギーではあっても知性ではないし、波動ではあっても思考ではない。そして、機械はニューロンをもたない。人間の頭脳を機械的に複製することはできないのだ。とすれば、どうしたら電気を使って〝考える〟ことができるのか?

コンピュータの発明は、今世紀最大の、いや、この千年紀《ミレニアム》最大の業績のひとつに数えられている。なのにその発明者たちについてはあいまいなままだし、発明にまつわる物語も、ないがしろにされてきた。電気を発見したのは誰か、電球や電話を発明したのが誰か、最初に飛行機で飛んだのは誰かということなら、多くの人が知っているのにである。

トマス・ワトスンやビル・ゲイツ、スティーヴ・ジョブズ、マイケル・デルといったコンピュータ産業の巨人たちの名を聞き慣れている人は、多いだろう。だが、最初のコンピュータを作ったのは、彼らではない。コンピュータのメモリが街の商店で気軽に買えるまでになった一方、このすばらしい機械の起源を、私たちは忘れてしまったのだ。

『ワシントン・ポスト』のコラムニスト、ボブ・リーヴィは、ヴァージニア州アレキサンドリア在住の、ある母親と息子の話を紹介している。学校の課題として母親が歴史上の発明について質問すると、九歳の息子は、電球の発明者としてトマス・エジソン、綿繰機《コットン・ジン》の発明者としてイーライ・ホイットニーの名を挙げた。

「じゃあ、コンピュータを発明したのは誰?」母親は、学校の作ったリストにない質問をした。一瞬考えてから、息子はこう答えた。

「ラジオシャック（米国最大のエレクトロニクス機器チェーン店）」
悪い答ではない。ただ、ラジオシャックが初期のパソコンを売り始める三十年前、すでにコンピュータは図体のでかいマシンとして誕生しており、新聞紙上で「巨大な頭脳」という呼び方をされていたのだった。このマシンは、小さな町全体をまかなうほどの電力を消費しながら、今ならT型フォード並みと言われそうな、のろくて未熟な計算力しかなかった。この最初のマシンの重要性は、コンピュータの専門家が昔と今の比較をしてみせるたびに、見くびられていくことになる。たとえば、大きさがアパートの一フロア分もあった最初のコンピュータの計算力が、現在は指ぬき程度の大きさの回路にしか匹敵しないからだ。

現在の人たちは、より速くより小さいニューモデルをつねに追いかけていて、一年半しかたっていないものでさえ、旧型マシンとして見捨ててしまう。そして、最初のコンピュータが今日の驚異的なマシンに残した重要性も、忘れてしまっているのだ。

多くの人たちにとって、コンピュータの父と言えば、科学者ジョン・フォン・ノイマンだろう。彼は「巨大頭脳」の開発に携わる前から、すでに数学と論理学に関する業績により、学界で尊敬を得ていた。コンピュータの基本アーキテクチャは《フォン・ノイマン・アーキテクチャ》として知られるようになり、その呼び名は設計内容とともに、今日でも使用されている。

しかし、ジョン・フォン・ノイマンはコンピュータそのものを発明したわけではなかった。その栄誉に浴するのは、ペンシルヴェニア大学の二人の研究者、プレスパー・エッカートとジョン・モークリー。世界初のデジタル式汎用電子計算機――すなわち「巨大頭脳」である、ENIAC《エニアック》を造り上げた男たちだ。

ENIACは、高さ九フィートのキャビネット四十個に、一万八千本近くの真空管と何マイルものワイアがぎっしり収められた、バスほどの大きさがある、巨大なネズミ捕りのような代物だった。第二次大戦中、大砲の弾道を計算するための機械、すなわち戦争の兵器として、開発が進められたものだ。巨大で扱いにくいマシンではあったが、さまざまな新機軸と才人を結びつけたENIACは、その後のコンピュータ開発競争の点火役となった。現代のコンピュータの系譜は、このエッカートとモークリーのENIACに始まるのである。

とはいえ、開発のいっさいが軍の秘密事項として進められたため、ENIACの存在はコンピュータ関係者以外にほとんど知られることがなかった。しかもそれは、論争と嫉妬と訴訟のせいで、歴史の記録の中に埋もれてしまった。驚くべきことに、最初のコンピュータを造ったのみならず、世界初のコンピュータ会社を創立したはずのエッカートとモークリーは、名声も財産も得ることができなかった。二人はまるで、ハードディスクから消去されたメモリのように、コンピュータの歴史からほとんど忘れ去られた存在になっているのだ。

本書は、このエッカートとモークリーの二人、そしてENIACの物語である。この初の電子式デジタル計算機は、戦時中の激しい切迫感のもとで働く人々によって生み出された。信奉者と懐疑論者の両方が、うら若き教授の「途方もない」アイデアに賭けたのは、戦争によって生命が脅かされていたからだ。開発チームの面々は、マシンとともに食事をし、眠り、生活した。今日の専門家によれば成功の見込みのほとんどないプロジェクトに、人生を捧げたのである。

彼らは、リング状になった無数の真空管が故障したり切れたりすることなしに〝計算〟させるには、どうつなげたらいいかといった、技術的なハードルに直面した。いつストップしたらいいかということを、回路はどうやって知るのか？　計算結果はどうやって伝達したらいいのか？　また、計算結果が10を超えたとき、真空管のリングは桁をどうもてばいいか、平方根の計算ではどう配線したらいいかといった、論理的問題にも直面した。その機械をどう〝プログラム〟すべきかということに、頭を悩ましたのである。ほとんどの人間が、彼らのやろうとしていることは技術的に不可能だと言った。この新しい機械がどんな可能性を秘めているかを理解している者は、ほんのわずかしかいなかった。

だが、エッカートとモークリーは屈することなく開発を続け、ついにＥＮＩＡＣを完成させる。ときには、優れた設計のもとに細部まで正確な作業をしたことで、障害を乗り越えたこともあった。またときには、直感に頼って突き進むこともあった。最後の瞬間に突然不調が見つかり、配線図を破り捨てたこともあった。技術上の障害が出現するたびに、それに合わせて作業を変えていった。資材が足りなくなれば、ほかの場所からせしめてきたり、廃品の中から取り出したりした。一度は火事のせいでプロジェクトがだめになりかけたものの、二人は前にも増して作業に打ち込むようになった。ＥＮＩＡＣが初めての計算を行ったとき、エッカートとモークリーは、感動のあまり気絶しそうになったほどなのだ。

二人が長期にわたって作業を続けられたのは、新しい機械を造るだけでなく、新しい科学を生み出そうとしているのだという、知的興奮があったからだった。戦争による必要に迫られてはいたが、彼らのゴールはもっと大きかった。世界が必要とする何かを、世界を変える何かを生み出すということだ。驚いたことに、彼らは当時すでに、コンピュータが世界に与える衝撃を理解しており、ビジネスや政治に使われるだろうということを、正確に予想していた。いつの日か、自分たちの発明品よりもはるかに安く、はるかにパワフルな小型コンピュータが、個人のデスク上で使われるようになるとさえ、考えていたのである。

ところが第二次大戦が終わると、戦時中の使命によって生まれた仲間意識は消滅し、了見の狭い競争心が取って代わることになる。コンピュータのパイオニアたちはたがいに反目し、そのすばらしい創造物を汚してしまうのだ。エッカートとモークリーのサクセス・ストーリーは、悲劇的な結末を迎えることになる。最初のコンピュータの開発者たちは、天才的な創造性をもちながらも、けちな商人やあわれなビジネスマンになってしまった。ビジョンはあったものの、自分たちの技術的才能から利益を得るための、洞察力に欠けていたからである。

コンピュータが生活の中心的役割を果たすような、新しい世紀がまさに始まった今だからこそ、このストーリーは語っておく必要性があると言えるだろう。ここに書かれていることはすべて、さまざまな文書の詳細な検討と、いくつもの研究施設に保管された文書の研究、生存する関係者からの証言、そして、エッカートとモークリーの家に残されていた個人的文書を含むこれまでにない資料などを、もとにしている。この本は、歴史的事実に新たな光を投げかけることで、コンピュータ開発という、技術とビジネス両方の世界における画期的出来事に関するこれまでの認識に挑み、真相を明確にしてくれるはずだ。そして、ディープ・ブルーがカスパロフを破った一件と同じように、ここで語られているのは、機械よりもむしろ人間なのである。

第1章
先駆者たち

「メールが届いています《ユーヴ・ガット・メール》!」というフレーズは、アメリカではすでに日常語になってしまった。「私は悪者ではない」（ウォーターゲート事件のときのニクソン大統領の言葉）とか「こんなに食べたなんて信じられない」（胃腸薬アルカセルツァーのＴＶコマーシャル）といったフレーズと同様、大衆文化の新たな標語として、時代を表す言葉となったわけである。

ネットワーク社会となった現代アメリカでは、物理的にも精神的にも、オンラインでコミュニケーションを行っている。かつて通信に使われたモールス信号は、いわば新たな次元に引き上げられたわけで、図書館ひとつ分の情報を、モールス信号のあの「ツー」と「トン」にも似たビットやバイトに変換し、エネルギーが電線を進む速さで世界中に送ることができる。

もちろん、コンピュータがなければ、こんなことは不可能だ。コンピュータは、インターネットや電話をはじめとするあらゆる形の通信や、輸送、商業、行政などの分野の、バックボーンとなっている。社会の心臓や肺の役割を果たすようになったコンピュータが、私たちの生活を効果的に、また安全に動かし、維持しているのである。……だがそれは、コンピュータがクラッシュしなければ、の話だ。

私たちは、物事の調査や分析をするときも、データを収集追跡するのにも、また物事を決定したり問題を解決したりするときも、コンピュータに頼っている。いまやコンピュータは、どこにでもあるのだ。もしコンピュータが故障したら、スーパーマーケットはどうなるだろうか? 電子メールなしで、仕事のやりとりができるだろうか?

私たちの生活は、コンピュータに操られているとまではいかなくても、コントロールされていると言えるだろう。コンピュータが誕生してから、たかだか五十年ちょっとしか、たっていないというのにだ。これまで、次々に新しい世代のコンピュータが誕生しては、数年のうちに、ひっそりとその生涯を終えてきたが、この急速な成長は、周到な計画など皆無に近い状態で進んできたものだった。

目先のことばかりを追ってコンピュータを開発し、新ミレニアムが来たらどうなるかなど考えもしなかったおかげで、企業や政府は二〇〇〇年問題の対応に何十億ドルも使うはめになった。サウスウエスト航空の会長兼CEO、ハーバート・ケラハーは、最初の二〇〇〇年問題対策会議のことを、よく覚えている。コンピュータ・エンジニアたちが、わが社のコンピュータは二〇〇〇年一月一日を一九〇〇年一月一日と認識してしまうかもしれない、と警告したとき、彼はこう言ったのだ。

「だからなんだというんだ? 人間のほうで知っていれば、かまわんじゃないか」

だが実際には、人間よりもコンピュータがそれを知っていることの方が、ずっと重要なのだった。

目先しか見えないソフトウェア開発者たちは、いわば電子の不動産とでもいうべき貴重なメモリを節約するため、西暦の数字を四桁でなく下二桁に省略していた。その結果、一九九九年から二〇〇〇年に年が変わると、混乱をきたして作動を停止してしまうコンピュータが出てくる可能性が、高かったのである。当時すでに、店によっては、有効期限が一九九九年より先のクレジットカードが、使えなくなっていた。コンピュータがそのカードを「有効期限切れ」とみなしてしまうからだ。

サウスウェストを始めとする航空会社各社は、この〝二〇〇〇年問題〟がさまざまなかたちで姿を現すだろうと考えた。たとえば、米連邦航空局のコンピュータは航空機が衝突《クラッシュ》するのを防ぐ役目を果たしているが、そのコンピュータ自体がクラッシュしてしまったら、管制塔はそれを使えなくなり、航空機は安全に飛行できなくなってしまうだろう。

二〇〇〇年問題がこれほどの大問題になったのは、情報の意味を理解し、データを知的内容に転換するうえで、社会がコンピュータに頼りきっているからだ。

コンピュータの能力は、混沌のなかに秩序をもたらすことにある。無秩序に見える自然界にすら、一定の型《パターン》があることは、私たちも知っている。ただ、そのパターンが目に見えないだけのことだ。コンピュータのおかげで、私たちはまったく新しい方法で世界を分類・構成することができる。コンピュータは、計算や分類、整理、比較の能力により、知的なものを作り出す。その猛烈な処理速度と膨大な記憶容量によって、政府は何百万人という国民に年金の小切手を送ることができるし、メーカーは工場を効率よく操業できる。また、証券取引所は何十億件もの取り引きの処理をできるし、子供たちは学校にいながらにして、オーストラリアのカエルについて学ぶことができるのだ。いずれの場合も、コンピュータは脈絡のないデータを整理し、情報から知性を作り出している。

文明の発達の歴史においては、世界にまったく新しい秩序がもたらされたとき、真に重要な進歩が生まれてきた。一六〇〇年頃、数学者であり物理学者でもあったイタリアの天文学者ガリレオは、自然科学に数学を取り入れて、自然界の法則を説明する公式を導き出した。これは科学史の流れを変え、知識への新たな扉を開いた一大事件だった。ガリレオが登場するまで、科学者たちは自然を研究し、事象の計測をしてはいたものの、それ以上のことはしていなかった。しかしガリレオは、望遠鏡を使うことで、太陽系についての新しい考え方にたどり着いたのだ。

だが、宇宙の中心は太陽であり、地球は太陽の周囲を回っていると説いたその考えは、当時あまりにも過激だったため、彼は宗教裁判にまでかけられた。ガリレオはまた、揺れ動くランプの振動の周期を測ることで、振り子の等時性を見つけ、投射物の描く軌跡が放物線になることを発見した。これらの発見は、のちにサー・アイザック・ニュートンが発見した運動の法則へとつながっていく。しかし、ここでいちばん重要なのは、混沌の中から秩序を編み出す方法をガリレオが示した、という点である。

コンピュータの発達は、このような知識の探求や、秩序の追求と、密接にからみ合っている。コンピュータは、情報を分類して整理し、問題を解決するために作られたのだ。その開発に投資した人たちのなかには、単調で反復的な仕事を処理する道具が欲しいだけの人がいた一方、人間の思考という作業を機械化したいという、壮大なビジョンをもつ人もいた。コンピュータは、二十世紀の代表的な発明品と言われるが、実はその系譜は、三百年にわたる科学的進歩の歴史に、散りばめられているのだ。

パスカルからバベッジへ――準備期間

ガリレオが亡くなった一六四二年、ブレイズ・パスカルという青年が、フランスの税務官吏だった父エチエンヌのために、加算機械《アディング・マシン》を開発した。当時のフランスは、反乱を防ぐために税制改革がどうしても必要だったが、政府はなかなか実現できずにいたのだ。パスカルは、オペレータが一連の歯車を回すと加算が実行される、八桁の機械式計算器を作り出し、《パスカライン》と呼んだ。真鍮製のその長方形の箱には、可動式の八つのダイアルがあり、一つのダイアルが刻み目十個分を動く――つまり一回転すると、隣のダイアルが一目盛り動いて繰り上がりの処理をするという仕組みになっていた。ダイアルを適切な手順で回していけば、一連の数字が打ち込まれ、累積された数の合計が出るというわけだ。しかし、歯車が一組の入り組んだ吊り分銅で動かされていたため、この計算器は一方向の計算しかできず、足し算はできても引き算はできなかった。

一六五二年までに、五十台の試作品が作られたが、ほとんど売れなかった。それでもパスカルは、このマシンを通して計算機械の重要性を実証し、計算の歴史における二つの原則を証明した。一つ目の原則は、時代を切り開くのは若者だということ。この計算器を発明したときのパスカルはまだ十九歳で、おそらくは、コンピュータ史上初の天才ティーンエイジャーと言える。そして二つ目の原則は、緊急に必要とされることがはっきりわからないかぎり、新しいテクノロジーはゆっくりとしか発展しない、ということである。

ドイツの数学者で哲学者でもあったゴットフリート・ヴィルヘルム・ライプニッツは、パスカルが回しはじめた車輪を、さらに大きく回転させ、やはりパスカルと同じ教訓を学ぶことになる。

パスカルの発明から四年後の一六四六年に生まれたライプニッツは、足し算だけでなく、掛け算、割り算、引き算もできる機械を作り出した。退屈で単純な重労働から人々を解放したいと考えていたのだ。パスカルの残したノートや図面を参考にしながら、彼はパスカラインをもっと進化させ、のちに機械式卓上計算器として何世紀も利用されることとなる、独創的な設計を編み出した。シンプルな円盤状の歯車の代わりにドラム（回転式の円筒）を使い、そのドラムの上に、段差状にだんだん長くなる歯を九段取り付けた機械で、彼はそれを《段差式計算器《ステップト・レコナー》》と名づけた。利用者は、乗数の各桁ごとにその数字の分だけクランクを回す。すると、溝が刻まれたドラムがそのクランクの回転を一連の加算に転換するのだ。

この機械は一六七三年に完成し、ロンドンで展示されたが、あまりにも時代の先を行っていたため、その真価が理解されるようになったのは、ライプニッツが亡くなった後のことだった。ライプニッツの計算器が歓迎されなかったのは、それが経済的に見合わなかったからだ、とアメリカ人科学者のヴァネヴァー・ブッシュは一九四五年に書いている。その計算器を使っても労働力は少しも節約できず、鉛筆や紙を使った方がよっぽど安く、スピードも速かったのである。

その後は空白状態が続き、機械式計算器が普及しはじめたのは、一八二〇年代になってからだった。産業革命が進行して大量生産が可能となり、機械と名がつくものなら、何でも大歓迎されるようになった時代である。当時の花形技術は蒸気機関で、鉄製の吊り橋も建設され、イギリスでは一八二五年にストックトン＝ダーリントン間の鉄道が開通した。それと同じころ、王立天文学会の創立メンバーでイギリス知識階級の最上層に属していたチャールズ・バベッジが、〝計算機《コンピュータ》〟の概念を思いついた。しかし彼は、それを〝コンピュータ〟とは呼ばなかったし、考案したその装置も現在のコンピュータとは、ほど遠いものだった。

数学者であると同時に天文学者であり、経済学者でもあったバベッジは、加速度的に工業化が進む社会には、もっと効率のいい正確な計算方法が必要だと考えていた。とりわけ問題だったのは、航海や天文学、製造業で使われる数表のまちがいの多さだった。数表に頼らず自分で計算をするとなると、ひどく複雑な計算作業《ナンバー・クランチング》を何週間も何カ月間も繰り返さなければならない。長い計算の多くは、何度にもわたる繰り返しから成り立っていることを知っていたバベッジは、そのような繰り返しの計算を自動的に実行する機械を作ればいいと考えた。要するに彼は、機械によって工場が大量生産をできるようになったのと同様、数学も〝機械化〟できないだろうかと考えたのである。

パスカルやライプニッツと同じく、彼も歯車と回転盤を使った加算の仕組みをもつ機械を設計したが、彼の計算機の場合は、対数を計算できる上、計算によって求められた数字を印刷機用の柔らかい金属版に刻むこともできた。部屋ひとつ分もあるその巨大な発明品を、彼は《階差機関《ディファレンス・エンジン》》と呼び、しかも動力に蒸気を利用する装置として設計した。この機械は数どうしの差を比較することで数表を作り出すもので、概念としてはごくシンプルなものだったが、機械的には非常に複雑だった。

マシン自体の製作は一八二三年に始まり、利用可能な試作品が完成するまでには十年の歳月がかかった。資金の一部はイギリス政府から援助を受けたが、費用超過と製作の難しさに悩まされ続けた。残念ながら、階差機関は十九世紀当時の製造技術の能力を超えていたのだ（のちにこれは、古代エジプトの王が自動車の詳細設計図にもとづいて、当時の道具と材料と知識で作ろうとしたようなものだ、と言われたほどだ）。

結局、階差機関が完成されなかった原因のひとつは、コンピュータ開発にありがちな落とし穴にバベッジもはまってしまったことにあった。彼は最初のマシンが完成する前に、もっといい考えを思いつき、すでに進行中のプロジェクトから新たなアイデアへと関心を移してしまったのである。

一八三三年、バベッジは《解析機関《アナリティカル・エンジン》》と名づけた新しい機械の概念を発表した。現代のコンピュータと極めてよく似た思想をもつ装置で、数表を作るだけでなく、あらゆる種類の計算を実行できるようになっている。バベッジは、ある計算の結果、つまり数表中のひとつの数字を使って、次の計算を始め、それによって表中の次の位置の数字を導き出すような、自動計算装置を作ろうとしていたのだ。彼自身、「自分の尻尾食い」と表現したプロセスである。バベッジは、その答えを当時最もすばらしい工業製品とされていた、ジャカード紋織機に見出し、解析機関の基礎とした。

フランス人のジョゼフ＝マリー・ジャカードは、カードにあけた穴の配置に従って模様を織る織機を考案した。穴のあいたカードを変えることで、花や葉といった複雑な模様を繰り返し織ったり、模様を修正することもできるものだ。バベッジはこれを参考にし、二枚のカードを使って操作する計算装置を作ろうと考えた。二枚のカードのうち一枚は実行する操作を示すため、もう一枚は解くべき問題の変数を指定するために使用するのである。

バベッジの助手をつとめたラヴレス伯爵夫人オーガスタ・エイダ・キングは、詩人バイロン卿の娘でもあるが、彼女はこの解析機関のことを、「代数的な模様を織り込んだ装置」と表現している。カードを順番に並べておくことで、バベッジはさまざまな計算作業を整理することができた。つまり、計算機を〝プログラム〟することができたのだ。

解析機関には、もうひとつ重要な発想が組み込まれていた。結果の途中結果をとっておいて別の計算に用いる、つまり情報を〝保存《ストア》〟することができたのだ。このマシンは、二つの主要なアキュムレータ（累算器）と特殊な目的の補助的アキュムレータからなる〝ミル〟をもっている。織物の世界から借用した名称の〝ミル〟は、中央演算処理装置として機能し、たとえばアキュムレータ中で数どうしの足し算などが行われるようになっている。織物の世界では、倉庫《ストア》から持ってきた織り糸を工場《ミル》で織り上げる。解析機関でも、保存場所《ストレージ》から持ってきた数をミルで織り上げて、新しい製品つまり答えを作り出すのである。

ここでいちばん重要なのは、〝コンピュータ（計算機）〟と〝カルキュレータ（計算器）〟が区別される重要な機能である、条件分岐機能を解析機関がもっていたことだ。バベッジの説明によれば、解析機関は計算途中で条件分岐点に行き当たると、現在の値を確認することができるという。その値が、あらかじめ与えられた条件に一致した場合、たとえば0より大きいという条件と一致したら、あるコースに進む。0に等しいか0より小さい場合には、別のコースをとるわけだ。

しかし、解析機関が当時としてはあまりにも進んだ計算装置だったため、バベッジは狂人だと嘲笑された。イギリス政府は、十年前に出資した階差機関のほうがいまだに完成せず、計画が事実上立ち消えになってしまっていることから、この型破りな装置に対して出資することを拒んだ。解析機関の計画を発表したあと、バベッジは同時代の人たちから相手にされなくなってしまう。彼のマシンの開発には、多くの壁があった。実際的な必要性がほとんどないことに加え、完成できても処理速度がそれほど速くなさそうだったのだ。またその当時には、苛酷な条件に耐えられる歯車や回転盤を作る技術もなかった。しかし、バベッジのアイデアは、のちに現実のものとなっていくのである。

〝データ処理〟の夜明け

　ますます工業化が進む社会では、数字を処理する必要が生じ、計算装置の発展に拍車がかかった。いわゆる〝データ処理《プロセッシング》〟が機械の役目となったのは、一八九〇年、マサチューセッツ工科大学のハーマン・ホレリスが、米国国勢調査局のためにパンチカードを使った作表装置《タビュレータ》を開発したころのことだ。一八八〇年の国勢調査では、データを集計するだけで七年近くもかかったため、増大する人口のことを考えると一八九〇年の国勢調査では十年かかる。それでは調査自体に意味がなくなってしまうと、国勢調査局は危惧した。

　ホレリスの案は、ジャカード紋織機やバベッジの解析機関がきっかけで生まれたものではなかった。彼は、列車の車掌が切符の持ち主を区別するために切符に穴を開けているのを見て、アイデアを得たのだ。その切符は〝パンチ・フォトグラフ〟と呼ばれ、たとえば薄い色の髪、濃い色の目、大きな鼻などというぐあいに、持ち主の特徴を記録するのである。ホレリスが伝記作家のジェフリー・D・オーストリアンに語ったところによると、彼の発想は、国勢調査用にひとりひとりのパンチ・フォトグラフを作ればいいのではないか、という単純なことだったそうだ。ホレリスは、データ処理分野の非現実的な先駆者たちに比べると、ずっと実務的で才能豊かな人物だったといえるだろう。

　ホレリスは、バベッジのようにパンチカードを装置への命令用に使ったわけではなかった。彼が考えたカードは、情報を記録させるためのものだ。

カード上のある場所に、ひとつだけ穴を開けると数字を示し、二つの穴を組み合わせると、ひとつの文字（アルファベット）を表わす。この方法により、一枚のカードには最大で八十個の変数（数字または文字）を記録することができた。このカードを、作表《タビュレーティング》と分類（ソーティング）の装置に挿入して用いる。作表器（タビュレータ）は、スプリング式で上げ下げできる二八八個のピンから成るプレートを備えている。あるピンがひとつの穴に出会うと、ピンがそこを刺し通すことで電気回路が閉じ、電流が計数器（カウンター）を動かす。パスカルの計算器のような歯車と回転盤を使うものとは、異なるわけだ。

この回路はまた、二十四ある分類器のひとつの蓋を開け、カードを次の操作段階へと送り出す。国勢調査局が子供を三人もった父親の数を数えたいとすれば、カードはその条件で分類されるのである。これこそが、マシンの内部で電気と計算が知的なかたちで組み合わさった、初めてのケースだった。この後、より速いマシン、すなわち、より能力の高いマシンへと、開発の方向が向かうことになる。

一八九〇年の国勢調査による最初の集計結果は、たった六週間で作表された。だがホレリスのパンチカード・システムは、すぐに話題を呼んだわけではなかった。専門家たちは、アメリカの総人口が七五〇〇万人以上に膨れ上がっているはずだと期待していたが、国勢調査局が発表した数字は六二六二万二二五〇人だった。その数字にショックを受け、失望した人たちは、ホレリスのマシンを責めることに転じたのである。「使いものにならない機械」と『ボストン・ヘラルド』紙は表現した。『ニューヨーク・ヘラルド』も、「いいかげんな作業によって国勢調査が台無しに」と非難したのだった。

だが当然のことながら、最後に笑うのはホレリスだった。国勢調査のすべての集計作業は三年以内に完了し、約五百万ドルの経費を節約することができたのだ。しかも、それまでの手集計に比べ、はるかに正確な結果を出すことができた。

その後ホレリスは、このカード式作表マシンの機能を拡張し、掛け算をできるような方法を案出する。たとえば現代の競馬場においても、ホレリスのアイデアは、馬券が売れるたびにデータを加算していって、それぞれのエントリーについてオッズを表示する賭け率計算器《トータリゼータ》として結実しているのである。〝リアルタイムなコンピューティング〟の誕生と言えよう。この発明をもとに、彼は一八九六年にタビュレーティング・マシン社を設立し、この会社はその後吸収合併を繰り返して最終的にインターナショナル・ビジネス・マシンズ社（ＩＢＭ）となったのだった。そしてパンチカード式のマシンは、データ処理の標準となっていく。

また、この技術によって、政府は新たな道を開くこともできた。一九三五年に社会保障制度が発足し、パンチカードを使って全米の勤労者の給与データを記録できるようになったのである。

このころすでに、もっと複雑な計算をさらに高い精度で行うための高速マシンを作ってほしいという要求が、科学者たちから出ていた。一九三〇年代は〝計算機械《カルキュレーティング・マシン》〟――人々の生活をよりスピーディに、より過ごしやすいものにするための新発明――が、急速に発達した時期であった。そして、その研究開発の中心にあったのが、マサチューセッツ工科大学、ＭＩＴだ。

一九三〇年、MITのヴァネヴァー・ブッシュは、《微分解析機《ディファレンシャル・アナライザー》》と呼ぶマシンを開発することで、この分野に大きな進歩をもたらした。彼は、バベッジの階差機関とは違う数学的手法を使っていたが、シャフトやワイア、回転盤、滑車、それに千個もの歯車から成るそのマシンは、科学者の発明品というよりは、いたずらっ子の作った玩具のように見えたという。全体がいくつもの小さな電動モーターによって動かされるので、正確な計算をするためには、注意深い調整が必要だった。また、ディスクがスリップすると数値が変わってしまうため、遅い速度で動かしてやる必要もあった。機械の動きや距離を測定して、その値にもとづいて計算結果を出していたのだ。

このマシンは入力用テーブル（表）をもっていて、オペレータはそれに数値と数式を入力する。歯車は、ある特定の数式を処理するように調整することができる。たとえば、計算のどこかで結果を二倍にしたければ、そのように歯車を調整すればいいのだ。掛け算のためのユニットもあり、出力用テーブルでは結果をグラフに描くこともできた。さらに別のユニットも、長いシャフトを使って、ある順序でつなげることができ、そのつなげ方によって問題の解き方がプログラムされる。マシンの幅は、宴会場のテーブルよりもあったという。プログラミングがまたやっかいな作業で、内部にあるすべての接続をいったん切って、つなぎ直さねばならなかった。

そんなめんどうなものでありながら、微分解析機はただひとつの種類の問題しか解けなかった。——当然のことながら、微分方程式《ディファレンシャル・イクエーション》である。微分方程式とは、曲線の下側の部分とか投射物の軌跡といった、物理環境での出来事を記述するのに使われる、重要な計算方法のひとつだ。たとえば、

$$x^2\left(\frac{d^2y}{dx}\right)+x\left(\frac{dy}{dx}\right)+y(x^2-n^2)=0$$

という式は、振動や周期運動を記述するのに使われる微分方程式である。これを微分解析機に扱わせた場合、nになんらかの値を代入すると、方程式中のほかの変数の値が導きだされる。投射物の二秒後の位置はどこにあるか、九秒後の位置はどこか、といったことがわかるわけだ。

この微分解析機は、〝デジタル〟でなく〝アナログ〟の装置である。つまり、ある特定の数字でなく、波のような連続したものに対して機能する。アナログ計算機は針のある時計と同じで、解くべき問題の中の特定の数字まで移動することで、正しい答を得る。一方デジタル計算機は、デジタル時計と同じで、不連続な数字だけを使うものだ。自動車のメーターで言えば、（一部を除く）スピードメーターはアナログであり、オドメーター（距離計）はデジタルである。アナログ装置は、概算の読みしかできないので、デジタルより不正確と言える。しかも歯車はすり減るものだし、回転盤はスリップするものだから、時間を経るにつれ、機械全体が不正確なものになっていくのである。

とはいえ、その本質的な不正確さにもかかわらず、微分解析機は当時のほかの計算装置よりはるかに優れていたため、科学研究の分野で使われる、最も進んだ計算ツールとなった。そして、速い処理をしたければ電気を使うべきだという、基本的概念をかたちづくる助けとなったのだった。

ただ、この段階ではまだ、電気は頭脳部分でなく筋肉であった。こうして一九三〇年代に世界中でさらに進んだ計算機の開発が続けられるうち、技術革新のきっかけは予想外のところからやってくる。
つまり、電話会社だ。

電気式計算機《エレクトリック・カルキュレータ》の成功

ベル電話研究所は、情報を——つまり電話機にダイアルされた数字や、送信すべき音声という情報を、電気信号に換えるための研究を何年も続けていた。それぞれの通話の経路を定めるため、電話会社はスイッチのネットワークをもっている。初期のスイッチはオペレータが手を使ってパッチコード（両端に差し込みのついた接続用コード）をつなげてやる必要があった。その後、〝リレー〟と呼ぶ装置が開発され、回線の接続はかなり速くなった。リレーは電気機械式の装置で、内部にある接極子《アーマチャー》が電気の流れを閉じたり開いたりするものだ。電灯のスイッチのように、その位置によって情報を表すことができると言える。そこで、リレーを使って計算機械を作ろうというのが、ベル研の自然な道であった。

一九三〇年代中ごろ、ベル研の数学研究員だったジョージ・スティビッツが、電話用のリレーを使って、その位置により1または0を表現させる研究を始めた。彼は電気の流れをもとにして計算をする〝フリップフロップ〟と呼ぶリレー回路を作った。回路にはライトがついていて、数字が1のときは光り、0のときは消えるのだ。

スティビッツのこの〝ブレッドボード（パン台）〟回路は、その名のとおり最初は彼の家の台所で組み立てられたのだが、計算は二進法で行われた。二進法とは、0と1の二つの数字で数を表す方法。これを使うと、四つのリレーで0から9までの数を表すことができる。つまり、0は0000、1は0001、2は0010、3は0011、4は0100、5は0101、6は0110、7は0111、8は1000、9は1011というわけだ。

スティビッツは、電話のリレー、つまりオン・オフのスイッチが、自分がかつて代数学で習った二進法計算にぴったりだということに気づいていた。十分な数のリレーをつなげれば、かなり高速の計算機を作れるはずだ、と。速度の遅い回転盤やドラムで数を表すかわりに、高速の電流によって表そうというわけである。

一九三七年の秋、スティビッツは、自分の会社の技術者たちが音声回路基盤を設計するうえで必要な、複素数の掛け算をできるマシンを考え出した。この装置はそのまま《複素数計算機《コンプレックス・ナンバー・コンピュータ》》と呼ばれたが、プログラミングすることはできなかった。数値を与えると、自動的に掛け算をしてしまい、計算結果を使ってさらに次の計算をすることは、できないのだ。マシンの製作は、一九三九年四月にマンハッタンのウェスト・ストリートにあるベル研の古いビルで始まり、ちょうど六カ月後に完成した。当時の機械式卓上計算機よりも進んだものとして、その後九年間使用された。

だが、その真価は、この機械に何ができたかではなく、何ができるかを示したことにある。フリップフロップが、計算機開発のキーとなる発明だということは、まちがいなかった。それは電気を数に変換する手立てであり、究極的には電気回路で知的情報を処理できるということを、示しているのである。

スティビッツが構想を立てたのと同じ年、ハーヴァード大学のハワード・エイケンがバベッジの業績に出会い、計算機の研究を始めていた。ＩＢＭと共同で、ホレリスのパンチカード・システムの電磁気学バージョンになるようなマシンを作り始めたのだ。

これはかなり強力な共同作業と言えた。エイケンの研究に出資するＩＢＭ自身、ホレリスのタビュレーティング・マシン社から成長した会社だ。ホレリスは自分の会社をチャールズ・ランレー・フリントという事業家に売り、フリントはそれを、小売店用の秤のメーカーと、作業場用タイムレコーダーのメーカーの二つと合併させた。そしてできたのが、コンピューティング・タビュレーティング・レコーディング社、ＣＴＲである。一九二四年、ＣＴＲの社長だったトマス・Ｊ・ワトスン・シニアが、このコングロマリットをインターナショナル・ビジネス・マシンズ社という名前に変え、あの有名な宣言をする。「どんなところでも……ＩＢＭのマシンが使われるようになる。太陽はつねにＩＢＭの上にあるのだ」

この、自社のマシンをあまねく行き渡らせたいという欲求から、ＩＢＭはみずからの研究所だけでなく、いくつかの大学の研究機関にも出資していた。業界の急速な変化と競争力の激化に直面したものの、研究開発に出資を惜しまなかったため、つねに技術水準でトップにあり、新しいオフィスマシンの市場をリードしていく存在と思われていたのだ。その初期のプロジェクトのひとつが、ハーヴァード大学の自動計算機――ハワード・エイケンの《Ｍａｒｋ Ｉ》なのであった。

Ｍａｒｋ Ⅰはバベッジの理論の一部を利用した電子機械式の大型マシンで、回転盤の十個の位置が0から9の数字を表していた。エイケンは、バベッジの息子ヘンリーが一八八六年にハーヴァード大学に寄付した計算機関に関する資料の一部を、物理学研究所の屋根裏で発見した。そしてバベッジに魅了されるとともに、彼のバトンを引き継ぐのは自分なのだと思い始めたのだった。

ＩＢＭによって製作されたＭａｒｋ Ⅰは、総重量五トン。マシンの各要素は、長さ五十フィートのシャフトにそって並び、駆動される。全体で七十五万もの可動部分があり、回転しはじめると、そのうなりは織物機械のようなものすごいものだったと言われる。そのたとえがぴったりしていたとしても、動かす側にとってあまり愉快なものではなかったようだ。

Ｍａｒｋ Ⅰの長所は、初めて完全に自動化されたマシンであることだった。オペレータの介入なしに、何時間でも何日でも稼働することができた。プログラムの入力には紙テープが使われ、同じ計算を何度も繰り返す必要がある場合にも、テープをつないでやるだけでよかった。だがエイケンもＩＢＭも、どうやらバベッジの研究を十分に調べたわけではなかったらしい。Ｍａｒｋ Ⅰには〝条件分岐〟、つまり「if … then」の命令がなかったのだ。バベッジは、この機能を解析機関の設計のなかに入れていたのだ。しかも、Ｍａｒｋ Ⅰには大きな欠点があった。それまで機械化されたことのない計算ができるとはいえ、とんでもなく処理速度が遅かったのである。

戦争協力の一環として、Ｍａｒｋ Ⅰはアメリカ海軍からの計算依頼を引き受けることになった。一九四四年、一般公開の日が近づいたころ、エイケンはＩＢＭと衝突しはじめる。当時ＩＢＭの会長だったトマス・ワトスンは、自社の出資による製品で世界をあっと言わせたかった。そこで、マシンの外見をちょっとめかしこんだものにしようとした。マシン全体をつねに把握していたいエイケンの反対を押し切って、ステンレススチールとガラスでぴかぴかのキャビネットという、ＩＢＭらしいものにしたのだった。コンピュータ史の研究家マーティン・キャンベルケリーとウィリアム・アスプレイによると、その後一九四四年にハーヴァード大学で行われた寄贈式のとき、ＭａｒｋⅠ開発の功績はひとりエイケンのものにされてしまった。エイケンはＩＢＭの経費負担についても、彼の構想を具体的な機械に作り上げた同社の技術者の寄与に関しても、いっさい触れなかった。怒りにうち震えたワトスンは、今後ＩＢＭはいっさいハーヴァードの関与なしで計算機開発を進めていく、と語ったのだった。

エイケン自身は、ＭａｒｋⅠが「バベッジの夢を実現したものだ」と言った。たしかにＭａｒｋⅠはバベッジが百年前に構想したようなマシンだったが、キャンベルケリーとアスプレイによれば、処理速度は解析機関が予定していたものの十倍でしかない。その速度の遅さは致命的で、まもなく、バベッジの構想より何千倍も速い電子式マシンに追い抜かれてしまうことになる。エイケンは計数と計算の装置を動かすのに電気を使ったわけだが、電子をそうした装置そのものにするという飛躍的思考はできなかった。その飛躍は――電子を思考に使うという飛躍は――さらに思いもかけぬところで実現されるのである。

第2章
少年と夢想家

一九一九年、まだ半ズボンをはいた少年だったジョン・ウィリアム・モークリーには、夜遅くまで本や雑誌を読む癖があった。

当時モークリー一家が住んでいたのは、しゃれた住宅地になるはるか前の、メリーランド州チェヴィー・チェイス。寝室が四つにバスルームがひとつの木造家屋という、つつましい家だった。家の階段には下から三段目に踊り場があり、両親のセバスチャンとレイチェルは、そこから一、二段上がれば、彼の寝室のドア下の隙間を見ることができた。就寝時間が過ぎても彼の部屋に明かりがついていようものなら、必ず雷が落ちるのだった。

だが幼いジョンには、この問題を回避する妙案があった。踊り場の緩んだ床板の下にセンサを付け、自分の部屋の豆電球につなげたのだ。誰かが踊り場に足をかけると寝室の豆電球が消えるようにしたので、両親がドアの下をのぞく前に、部屋の明かりを消すことができた。ようすを見にきた両親が踊り場から下りると、豆電球はまた点灯し、警報解除の信号を送るというしかけである。

こんな離れ業をやってのけるころには、ジョン・モークリーはすでにかなりの配線経験を積んでいた。五歳のときには、友だちの家の薄暗い屋根裏部屋を探険するために、乾電池と電球、ソケットを使って懐中電灯をつくった。だが、その友だちの母親は、彼の懐中電灯が火事を起こすのを怖れ、代わりに使うようにとロウソクをくれたという。

小学生になると、モークリーは機械式の呼び鈴を電動式に取り替えて小遣いを稼ぎ、郊外の新興住宅地に送水管がひかれれば、友だちと話ができるように送水管の溝にインターホンの電線をひいた。近所の人々は、配線に困ると、きまって彼を呼んだ。エジソンが白熱電球を発明してから四十年しかたっていなかった当時、電気は公共事業としてまだ十分に成熟していなかったのだ。七月十四日の独立記念日には、モークリーが遠隔操作で打ち上げる花火やパイプ爆弾を見に、友だちが集まった。エイプリールフールに玄関の呼び鈴に仕掛けをし、来訪者が呼び鈴を鳴らすと軽い電気ショックが走るようにしたこともある。自宅の地下の作業場に警報装置を設置し、レバーで上下するエレベータ模型まで作っていた。

一九一九年当時は、新世紀の初頭に生まれた若きジョン・モークリーだけでなく、世界全体にとって、まさに「発見の時代」だった。物質の基本単位である原子の謎は急速に解明され、アルバート・アインシュタインは相対性理論を完成させていた。第一次世界大戦も終わり、アメリカは狂騒の二〇年代へと突き進んでいく。

一九一九年の数年前、スイスのチューリッヒからオハイオへと一八三九年に移住して来た祖父母をもつセバスチャン・モークリーは、学問の中でも当時一番活気のあった物理学の博士号を取得した。そして一九一六年、彼はシンシナティの高校の校長職を捨ててチェヴィー・チェイスに家族とともに移り、カーネギー研究所地磁気学部門の主任物理学者として、地球が磁気を帯びている理由や稲妻のはたらきの研究に取り組んだ。チェヴィー・チェイスは国立標準局や気象局など、政府関係機関の職員が多く住む、科学者のコミュニティだった。

そうした環境のなか、「今、自分は何をするべきか」という標語をベッドの上に掲げ、常に何かに熱中していたジョン・モークリー少年は、すくすくと育っていった。高校でほぼ完璧な成績をおさめた彼は、数学と物理の天才で、最終学年（一九二五年）には学校新聞の編集にも携わることになる。

科学者は物理学者ですら給料が安いことを思い知っていたセバスチャンは、息子にエンジニアになるように薦めた。工学《エンジニアリング》はそれほどやりがいのある仕事ではないかもしれないが、科学者よりは給料が良かったからだ。ジョンはメリーランド州ボルティモアにあるジョンズ・ホプキンズ大学工学部の奨学金を獲得したが、二年生になったころには、はやくも工学に飽きてしまった。エンジニアリングはクックブックにしたがって料理をするようなものだと、のちに彼はインタビューの中で語っている。特定の負荷に耐える梁を設計し、USスチール社（現在のUSX社）のマニュアルで必要な鉄鋼の量とリベットの数を調べる。それだけのことなのだ。「おもしろいことをしようとする人たち、それが物理学者だ」とモークリーは語っている。

彼は大学でエンジニアリングを二年間学ぶと、直接ジョンズ・ホプキンズ大大学院の物理学課程に移り、気体の分子エネルギーの計算に延々と時間を費やしながら分子分光学を学んだ。その計算には、物理学科のマーチャント卓上計算器を利用していた。ボタンを押して大きなハンドルを引けば、大規模な掛け算や割り算だけでなく足し算や引き算もできる、高性能の機械式加算機だ。一九三二年、彼は博士号を取得して大学院を卒業した。

このころ、ジョン・モークリーはすでに所帯持ちとなっていた。一九三〇年、彼は数学者のメアリ・オーガスタ・ワルツルと結婚し、のちに二人の子供に恵まれている。私生活では十分に満たされていたものの、彼の最初の職はなかなか見つからなかった。アメリカは大恐慌の真っただなかで、父が危惧したように、新米の物理学博士の職など、どこにもなかったのだ。モークリーはジョンズ・ホプキンズ大学に研究助手として一年残り、その後ようやくペンシルヴェニア州カレッジヴィルのアーサイナス・カレッジで職にありついた。年俸は二千四百ドルだったが、教員たちは教養学部を維持するために年俸の十パーセントを大学側に返還することに同意していた。

モークリーは身なりこそかまわなかったが、茶色の髪と薄茶色の瞳をもつ、さっそうとした感じの教授だった。あと半インチで六フィートに届く長身と長い手足に、一八〇ポンドの体重。博識で物腰の柔らかい、風変わりな人物だった。晩年になってからも延々と長い講義をし、会話の途中でもすぐに理論や法則の説明をはじめる、この根っからの教師は、温厚で忘れっぽい人物の典型だったが、おそろしいほどの記録魔でもあった。

ジョン・モークリー
（ペンシルヴェニア大学図書館アネンバーグ稀覯書ライブラリ）

アーサイナス・カレッジは、物理を一クラスだけ履修すればいい医学部進学課程の学生と、やはり物理の基礎だけを学ぶ高校教師という、奇妙なとりあわせの学生たちを教える大学だった。教師としては多くを求められていなかったにもかかわらず、モークリーは科学を生きた学問にする、すばらしい教師として、たちまち有名になった。中間試験前の彼の最後の授業、「クリスマス講義」があまりにも評判になったため、他の大学の教授たちまでが、いったいどんな講義なのかとわざわざアーサイナスまでやってくるようなり、講義を行う教室は構内で一番大きいホールに移さなければならないほどだった。

ある講義では、モークリーは講義台の上にスケートボードを置き、ニュートンの三つの運動の法則を実演してみせた。彼が右に動けばスケートボードは左に動き、彼が左に動けばボードは右に動く。なぜなら、すべての動きには同等で逆方向の反作用があるからだ。色付きのセロハンで包んだクリスマスプレゼントの包装を開かずに、包みの中身を知る方法を示して、分光学の原理を説明したこともあった。ローラースケートをはいたロシア人に扮し、スケートで走り回りながら、手を前に差し伸べて減速したり、手を引き戻して加速してみせた年もあった。

仕事のかたわら、一番の趣味である気象の予測にも熱中した。彼はチェヴィー・チェイス時代の気象局のつてで手に入れた気象データを利用して、気象の型《パターン》を数学的に予測できるか確かめようとしていた。イギリスのルイス・F・リチャードソンをはじめとする研究者たちが、大気は特定の法則にのっとって変化しており、その法則が特定できれば気象は正確に予測できる、という理論を提唱していたからだ。気象を予測しようと統計学を懸命に学んだモークリーは、間もなく論文を何本か著し、「太陽は気象に影響を与えるか」といった問題への統計学の応用を学界に発表した。

モークリーはジョンズ・ホプキンズ大で使っていたのと同様の卓上計算器を、倒産した銀行から七十五ドルで買いとった。そしてアーサイナスの何十人もの学生にまとめさせた全国の気象図データと、自身が計算した降水報告をもとに、アメリカの降水には太陽の回転に関連した一種の周期性がある、との仮説を立てた。しかし、変数もデータも膨大な量であったため、決定的な計算を行うには、何日どころか何カ月も、いや何年もかかった。大自然の気象の謎を解明するのには、もっと高性能で高速な計算器が必要だと彼が痛感したのは、このときだ。

「もっといいものがあるはずだ」

気象予測に取り組む粘り強さは、ひとつの問題を徹底的に追求するジョン・モークリーの性質を如実にあらわしている。「私には、いささか頑固なところがある」と彼は晩年、ビデオ録画された友人エスター・カーとのインタビューで語り、「なかには私を一流の負け犬だ、と言う人もいるしね」と言っている。

その頑固さで、彼は配線や回路や計算器を工夫し続けた。当時の計算器はスピードが遅く、その性能も限られたものだったからだ。「もっといいものがあるはずだ、と私はいつも考えていた」と彼は語っている。モークリーはアーサイナスの教え子たちとともにさまざまな種類の装置を作ったが、その中にはデータの変化を計測し、気象予測にも利用できる装置、《ハーモニック・アナライザー》もあった。実際の原子力研究を見学させようと学生たちを連れて行ったスワーズモア・カレッジで、彼はわずか百万分の一秒の間隔の電気パルスを真空管で識別する実験を目にした。スワーズモアの物理学者たちは、とてつもなく速いスピードの宇宙線を、真空管を使って計数していたのだ。

電子時代の黎明期は、真空管なしには語れない。真空管の第一号は、エジソンが一八八三年につくった電球のバリエーションとして一九〇四年に生まれたが、この真空管のおかげでエンジニアたちは電流を簡単に制御・増幅できるようになり、ラジオやテレビ、電話を効率よく稼動させられるようになったのだ。一番単純なタイプの真空管の場合、内部の部品はエミッタとコレクタの二つだけ。だが、この二つがあれば、真空管を一種のオン・オフ・スイッチとして利用し、超高速で電気をコントロールすることができる。電気が流れていれば真空管はオンに、流れていなければオフになる。つまり真空管は回路の電気を入れるスイッチになるわけだが、そのスピードは機械式のどのスイッチやトグルよりずっと速かった。

電気を超高速で入れたり切ったりできる真空管の性質を知ったモークリーは、新しいタイプの計算方法を思いついた。卓上マシンのピンのように数字を表す独自のパルスを作り出し、物理の実験でやっていたように真空管でそのパルスを制御・計算したら、どうだろうか？　そうすれば高速で計算ができるようになる。当時のどの機械式の方法よりも格段に速いことは明らかだ。ひとつの計算を二百分の一秒で実行できる、とモークリーは概算した。どんな複雑な問題でも、すばやく効率的に解くことができるのだ。

一九三九年、モークリーは回路についてもっと学ぶために夜間クラスを受講した。また、ニューヨーク世界博覧会では、通信文の暗号化に真空管回路を使ったＩＢＭの電子式暗号機械を見た。そこで彼は全国から材料を取り寄せはじめ、一九三九年九月には「電動式の計算器を作ろうとしている」のでスイッチについて教えてほしいとの手紙を、ミシシッピ州グリーンウッドのサプリーム・インスツルメンツ社に送っている。

そうやって部品をいじりまわしているうちに、彼は新タイプのヒューズがあることを地元の金物店で知った。赤い小さなネオン球の表示灯があるそのヒューズは、燃え尽きると表示灯が点灯するしくみになっていた。ゼネラルエレクトリック社製のその豆電球は、真空管よりはるかに安かったため、モークリーはそれをひとつ八セントで大量に購入しはじめた。この豆電球のスピードは真空管より千倍遅かったものの、千分の一秒間隔のパルスを識別することができたため、「日曜大工的な」実験で使うには十分な速さだった。

このころには、計算機械のパイオニアたちが切り拓いてきたのと同じ道をモークリーもたどりはじめていたのだが、回路の配線や気象データの計算ばかりに気をとられていた彼は、その理論や原理の大半がずっと以前にすでに発表されていることを知らなかった。過去の計算機械について調べるなど、思いつきもしなかったのだ。モークリーにしてみれば、これは目の前に開けたまったく新しい分野だった。まるで側面目隠しをした競走馬のように、彼はわき目もふらずに自分の道を疾走していたのである。

当時の研究者たちの知識を懸命に吸収していたモークリーは、一九四〇年、ニューハンプシャー州のダートマス・カレッジに車で出かけ、スティビッツが電気機械式計算器である《複素数計算機》の実演を行った米国数学会の学会に出席した。スティビッツは、計算機械に使われているギアや歯車よりも電話回線に利用されているリレーの方がずっと優れていると説明したが、すでにスワーズモアの物理実験で真空管のはたらきを見ていたモークリーには、真空管の方がリレーよりはるかに優れていることがわかっていた。スティビッツの実演の後、モークリーはＭＩＴの有名な数学者、ノーバート・ウィーナーと話をし、電子式計算機こそが今後の「進むべき方向だ」という点で意見が一致した。

これ以後、モークリーはスティビッツのフリップフロップを模した真空管回路を実験に利用するようになった。

一九四一年六月、モークリーは車でアイオワに行き、アイオワ州立大学の青年教授ジョン・V・アタナソフを訪ねた。一九四〇年に開かれた学会で、アタナソフはハーモニック・アナライザーを使った気象予測についてのモークリーの講義を聴いていた。モークリーはそのなかで電子式計算機についても触れ、気象に関するもっと複雑な理論を解明するにはその道しかないだろうと語っていた。そのときアタナソフはモークリーに、自分は計算機用の電子回路を研究している、と話していた。だが、彼の試作品はアナログではなくデジタル式だったため、大学で進められている研究の主流からは、はずれていた。当時、一流大学の大半は次世代のアナログ式計算機の研究に没頭していたのだ。そのような大学の研究者たちは、ブッシュの微分解析機で育っており、その技術の完成に全精力を傾けていた。一方、デジタル方式はこれとは違うまったく新しい概念で、当時はまだ十分受け入れられていなかった。

モークリーは十三日の金曜日にアタナソフの家を訪れ、完全に動作するまでには至っていなかったアタナソフの装置を調べるのに、その週末をまるまる費やした。その後、モークリーはペンシルヴェニア大学ムーア電気工学部（ムーア・スクール）の電子工学コースに入学する許可がおりたとの連絡を受け、大急ぎでフィラデルフィアに戻った。

ヨーロッパの戦争は開戦から二年近くが過ぎ、アドルフ・ヒットラーが欧州大陸の大半を占領した一九四一年の夏、アメリカは不本意ながらもその戦いに参戦する準備を進めていた。アメリカ陸軍省は、物理や数学といった科学分野の人材に電子工学を速習させる十週間コース、「電子工学防衛研修」の開設をペンシルヴェニア大学に要請した。多くの戦地で、武器や戦闘の電子化が進んでいたからだ。連合国は科学者が戦争に果たす役割を非常に重視し、アメリカ陸軍はこのコースを受講するモークリーたち科学者を大切な頭脳集団と捉えていたが、モークリーはこのコースを気象予測のための機械について学ぶ手段としか考えていなかった。「私の求めていたコースがやっとできた」と彼は言ったという。

アーサイナス・カレッジの物理学部長であるとともに同学部の唯一の教授だったジョン・モークリーは、このコースを受講した博士号保持者二人のうちの一人だった。そして、クラスで最年長の彼は、一九四一年に学士としてムーア・スクールを卒業したばかりの最年少実験指導員、プレスパー・エッカートにつくことになった。

プレス・エッカート——生まれながらの天才

ジョン・アダム・プレスパー・エッカート・ジュニア、通称プレスは、フィラデルフィアの名家の出身だった。彼の父は、現在のアメリカンエキスプレス、当時のアメリカン・レイルウェイ・エキスプレスと大規模な契約を取り付け、独創的な庭園風アパートや高層の駐車場をアメリカやヨーロッパに建設して名を売った、裕福な不動産開発業者だった。そのせっかちな性格で〝ジョニー・ラッシャー（せっかちジョニー）〟と呼ばれていたジョン・エッカートは、十五番街とマーケット・ストリートの角にオフィスを構えていた。

プレスが育ったのは、フィラデルフィアのジャーマンタウン地域にある大きな石造りの家で、二本の煙突と車庫があるその家の数軒先には、野球界の伝説的人物、コニー・マックが住んでいた。彼の父ジョンは、有名人と富と権力の世界に入ったのだ。ジョンはタイ・カップ（米国のプロ野球選手）とゴルフを楽しみ、世界旅行にもよく息子を連れていった。そのときの様子は、エジプトのピラミッドでラクダに乗ったり、ナイル川を船で旅したり、撮影所で映画俳優のダグラス・フェアバンクスやチャーリー・チャップリンといっしょにいたりするプレスパー（これは祖母の旧姓）の写真に見ることができる。また、五歳のときにはマイアミのゴルフ場でウォレン・G・ハーディング大統領とともに写真に納まっている。

しかしプレス・エッカートは、運転手付きの車で名門校ウィリアム・ペン・チャーターースクールに通う、ただの金持ちの子ではなかった。実は彼は、生まれながらの天才だったのだ。

他の五歳児たちが虹や棒線画を描いているころ、彼はラジオやスピーカーを写生していた。十二歳のときには、水を張ったたらいと模型のヨットでフィラデルフィア科学博覧会の賞を受賞した。それは、手作りの池の底に置いた電磁石でハンドルを操作するヨットだった。この発明品は、パリの公園で見た見世物をまねたものだったが、つくりはきわめて精巧で、磁石への電流をコントロールできる

幼いころのプレスパー・エッカート。母親およびダグラス・フェアバンクスと（エッカート家コレクションより）

加減抵抗器までついていたため、一二〇センチ×一八〇センチの池の中で、ひとつの船の操作をやめて別の船の操作をすることもできた。

十四歳のときには、父が所有する高層アパートのわずらわしい蓄電池式インターホンを電気システムに取り替えもしている。彼はまた、無線機や蓄音機用アンプをつくり、学校やナイトクラブや特別イベントで音響装置を設置しては、小遣い稼ぎをした。さらに、メリオンのウエスト・ローレル・ヒル墓地に雇われ、近くにある火葬場からの不快なガスバーナーの音を聞こえなくする音楽放送システムづくりまでしていた。

このころのフィラデルフィアは、アメリカにおける誕生間もない電子産業の中心地になっていた。フィルコと呼ばれたフィラデルフィア社は、ラジオメーカーの最大手だったし、デラウェア川を挟んだ真向かいのニュージャージー州カムデンにはRCAビクター社があった。アトウォーター・ケント・マニュファクチャリング社も、拠点はフィラデルフィアだった。また、設立資金の一部にベンジャミン・フランクリンの遺産を使ったフランクリン研究所は、研究と展示の中心になっていた。

フィラデルフィアの下町にあるエンジニア・クラブのメンバーだったプレスは、その環境すべてを吸収した。そして高校生になると、一九二七年にテレビの実用模型を披露したファイロ・テイラー・ファーンズワースのチェスナット・ヒル研究室に午後中入り浸っていた。

大学入試の数学で、プレス・エッカートはペン・チャーターのもうひとりの生徒に次ぐ全国二位の成績をおさめた。彼はアメリカの科学研究のメッカ、MITへの進学を希望し、もちろんすんなりと入学は許可された。しかし彼の母はひとり息子が家から遠く離れることに耐えられず、父もビジネススクールへの進学を望んだため、両親はプレスをペンシルヴェニア大学のウォートン経営学部に入学させることになる。さらに、不景気のせいで経済的に苦しいふりをし、自宅からダウンタウンのキャンパスに通学するよう、プレスに言い渡した。

経営学の授業に退屈した彼は、すぐに物理学部に編入しようとしたが、物理学部には空きがなかった。しかたなく彼は妥協案として、一九三七年にペンシルヴェニア大学ムーア・スクールに移ったのだった。

ペンシルヴェニア大学時代のエッカートは、聡明な青年ではあったが、ずば抜けて優秀な学生というわけではなかった。父同様の完璧主義者だった彼は、規律正しく、エネルギッシュだったが、退屈な授業にはあまり真剣に取り組まず、成績はふるわなかった。「教室での彼は、いつも教師を試すような行為をしていました。私たちはただ、彼と教師のやりとりに耳を傾けていましたよ」と、クラスメートのジャック・デイヴィスは語っている。

あるときエッカートは、ムーア・スクールの学部長、ハロルド・ペンダーの授業で眠り込んでしてしまった。ペンダーは眉をひそめ、「せっかく授業に出てきて、なぜちゃんと起きてられないのかね?」とエッカートに尋ねた。

「なぜかですって?」とエッカートは、わかりきったことを聞くなとでもいわんばかりに憤然と聞き返した、と当時の教員のひとり、レイド・ウォレンは語っている。

しかし、ほかのことでもエッカートはその名をよく知られていた。あるときは、ダンスパーティー用に、キスの激しさと情熱を測定する《オスキュロメータ》なる機械を作り出した。カップルがオスキュロメータのハンドルを握ってキスをすると、並んだ十個の電球が順番に点灯して電気回路が完全につながる、というしかけだ。カップルたちは知らなかったが、十分に湿ったくちびると、十分に汗ばんだ手で、たっぷりと長いキスをすれば、すべての電球が点灯することをエンジニアたちは承知していたのだ。全部の電球が点灯すると、装置のてっぺんに設置した拡声器から「ワー・ワー・ワー!」という音が高らかに鳴り響くしくみになっていた。

一九四〇年、エッカートは二十一歳の若さで最初の特許申請を行い、二年後に認可された。それは

『光調節の方法と装置』という特許で、実質的には映画の音響システムに等しいものだった。光ビームを使って音を伝えるという概念をフランクリン研究所の師匠たちから学んでいたエッカートが作ったこの装置は、光ビームを往復させることにより、従来の方法よりもひずみの少ない音をフィルムに記録することができた。今日の光ファイバ音響システムの先駆けである。だが結局、この機械が実際に販売されることはなかった。映画業界は、音波をフィルムに刻み込む機械的な手法に固執していたからだ。

ムーア・スクールは、父親同様に衝動的な性格のエッカートにとっては、理想的な場所だった。彼はごく自然に、科学よりも工学へと傾倒していった。物事を成し遂げるエンジニアと違い、真実を追究する科学では直接的に満足感を得にくいからだ。

また、ムーア・スクールは近辺でも一流の工学部であり、MIT以外で微分解析機を所有する数少ない施設のひとつでもある。この便利な装置を持っていたうえ、近くにいくつかの主要軍事施設もあったため、ムーア・スクールは軍事工学研究の中心的機関になっていた。またムーア・スクールは、さまざまな事情により軍のために仕事をせざるをえない立場にもあった。たとえば教員たちは、水雷を起爆させたり潜水艦を探知したりするための電磁場を作る、飛行機輸送可能な装置の製作に雇い入れられていたし、大がかりなレーダー実験ではMITとも組まされていた。

エッカートは、レーダー信号が発信された瞬間から物体に当たって跳ね返ってくるまでの間隔を正確に計測するための研究に熱心に取り組んでいた。信号が跳ね返ってくるまでの間隔は、物体がどの

ムーア・スクール（ペンシルヴェニア大学アーカイヴの許可による）

くらい離れた場所にあるかを示すため、質の高いレーダーには、その正確な計測が不可欠なのだ。軍は、物体から跳ね返ってくるレーダー信号を百分の一マイクロ秒単位で計測できる装置を求めていた。電子部品は常に機械部品よりも優れている、というファーンズワースの言葉を覚えていたエッカートは、従来の方法を避け、電子式計算機の利用を模索した。レーダー用に改造できるRCA製の回路を見つけた彼は、液体を満たした音響タンクを使う従来の時間計測器に、それを組み合わせた。レーダーのパルスが光速で発信されると同時に、音のパルスはタンク内を音速で往復しはじめる。レーダーのパルスが戻ってきたとき、音のパルスがタンク内をどこまで進んだか測ることによって、物体までの距離がわかるのだ。

その後、エッカートはこのタンクの技術をさらに発展させた。音波を伝える媒介物としては水銀の方が優れている、という録音技術で学んだ知識を利用して、タンクを水銀で満たした。また、パルスをリフレクタで反響させるのでなく、電子的な方法で何度も繰り返させる方法を編み出し、タンクの能力を劇的に向上させた。音波を拾う水晶発振子をリフレクタの代わりに使い、拾った音波を増幅してからワイア経由で発信点に送り返すのだ。こうするとタンク内のパルスの進行方向は一方向だけになり、パルス同士の衝突で生じる音波の乱れを心配しなくてもすむようになる。物事を忘れないように頭の中で何度も繰り返し暗誦するのと同じことだと、のちにエッカートは語っている。そしてこの装置同様、エッカートも決して忘れることはなかった。彼はレーダーの研究を通して高速電子回路の作り方を学んだわけだが、この水銀槽遅延線は、のちのコンピュータ構築における重要な要素になるのである。

長く暑い夏のあいだ中、エンジニアたちはムーア・スクールの屋上でこのレーダーの研究に取り組んだ。彼らのほとんどは半ズボンとTシャツという格好で、微分解析機が稼動するエアコンの効いた地下室に下りていっては、涼をとったり、弾道射表に取り組む女性たちとおしゃべりを楽しんだ。「でも、プレスはいつもロゴマーク入りの白いリンネルのシャツを着て、黒いネクタイを締めていたわ。いつだってね」と、そこにいた女性のひとりで後にモークリーの二番目の妻となるキャスリーン・モークリー・アントネリ（旧姓キャスリーン・マクナルティ）は語っている。「どうしてそんな格好をしてるのって聞いたことがあるけれど、彼は『けさ、おふくろがこの服を着るように、って出し

プレス・エッカート
(一部。スミソニアン協会)

てくれたんだ』って答えたの。すごく甘やかされていたのね」

研究室の壮大な夢

育ちも違い、歳も十二違ったが、ジョン・モークリーとプレス・エッカートはたちまち意気投合し、装置を作り出すという共通の情熱でともに仕事に取り組んだ。彼らは少年時代の興味の対象も驚くほど似ていた。二人とも電気回路や装置に心を奪われ、同じようなおもちゃや仕掛けを作っていたのだ。エッカートは教職よりも実際に自分の手で何かをすることに興味があり、与えられる実験課題にはうんざりしていた。一方、モークリーも自分のしたいことがはっきりとわかっており、アーサイナスの学生たちにやらせるような単純な実験には、ほとんど価値を感じていなかった。

エッカートとモークリーは、実験時間のほとんどを、計算機械を含むさまざまなアイデアについて語り合って過ごした。

「私たちは実験台の上に座って足をブラつかせながら、ひたすら話し合った」と後年モークリーは回想している。ムーア・スクールの近く、三十三番街とウォルナット・ストリートの角にある二十四時間営業レストラン、『リントンズ』でコーヒーやアイスクリーム・ソーダを飲みながら議論が続けられることもしばしばで、二人はナプキンに図を描きながら何時間も語り合った。

電子式計算機を作ることは可能だろうか? 可能だ、とエッカートは考えていた。難しいかもしれないが、不可能ではないはずだ。数字をパルスで表し、電子のパルスを数えるだけの機械を設計する。そして異なる問題をそれぞれ違う計算方法で解くのだ。従来の計算器のように歯車や回転盤といった動く部品をまったく使わない機械、電子だけが駆け巡る機械を作れるはずだ、とモークリーは考えていた。電子はきわめて速いスピードで動くため、その機械は超高速で計算ができ、既存の計算器が扱う問題よりはるかに複雑な問題を解けるはずだ。うまく行けば、計算の精度もきわめて高くなる。

正確さこそが鍵だ、とエッカートは当初から口にしていた。大学生のとき、彼はすでに化学会社向けに電子機器を設計していた。煙に光線をあて、煙を通過した光線の量を測って煙突の排気量を計測する装置だ。その測定値は正確で、この手法はもっと発展させられるという自信をエッカートはもった。だがもちろん、それまでの彼に自信がなかったというわけではない。

モークリーとエッカートはみごとに互いを補完しあっていた。モークリーを工学から物理学にくら替えさせた、画期的な概念を追求したいという情熱は、取り組むべき多くの問題を二人に与えた。そして、エッカートに物理をやめさせ工学へ傾倒させた「何かを作りたい」という思いは、曖昧模糊とした概念を現実的なものにする力を与えたのだった。

二人はまず、電子工学によって微分解析機を部分的に高速化することから始め、その後、微分解析機全体を徐々に電子化していった。「計算機を高速化するなら、すべてを徹底的にデジタル化しなければならない、という結論に私たちは行き着いたのです」とエッカートはのちに語っている。

参戦への準備が一段と進む中、ペンシルヴェニア大学の教員のなかには徴兵される者も出はじめ、モークリーはムーア・スクールの専任代用教員になった。とは言っても、それはペンシルヴェニア大学の教授会がモークリーの才能をかったからではない。その職につける博士号所有者が当時は彼しかいなかったのだ。彼は弱小大学出身の山だしの変人で、その学位は生え抜きの教授を好むこの大学にはふさわしくないと思われていた。ムーア・スクールは伝統的な電気工学の基礎を教える保守的な学校だった。しかしモークリーは保守的からはほど遠い。彼は、ムーア・スクールの教員となって多くの講義を抱えるようになってからも、回路の実験やコンピュータの設計を続け、書類に埋もれたオフィスの片隅には、テレビに使われているのと同じ気体入りのチューブを使った計算用回路の試作品を置いていた。

真珠湾奇襲から九カ月後の一九四二年八月、モークリーは七ページにわたる企画書『高速真空管装置の計算への利用』を書き上げた。完全な電子式機械というモークリーのアイデアはかなり大胆なもので、当時のすべての既成概念に逆らっていた。彼は自分が考える機械は既存の機械式装置よりはるかに正確だ、と熱心に売り込んだが、何と言っても一番のセールスポイントは、その高速性だった。「計算に電子的手法を利用すれば、計算速度は大幅に向上する。なぜなら、そのような装置は、ほかのどの機械式装置より格段に速く計算できるからだ」とモークリーはその企画書に記している。

高速化は、当時の流行だった。ヘンリー・フォードの組み立てラインは製造業に革命を引き起こし、アメリカの生活スピードはどんどん速くなっていった。陸軍省は、より高速に機能するレーダーやより高速な兵器製造、より高速な計算を求めており、それは大学も同じだった。科学の世界では、手近なテーマはすでに研究し尽くされ、研究の対象は原子の内部へ、そして惑星外のはるか彼方へと向かっていた。複雑な問題を解くには高速計算のできる機械が不可欠で、それがなければ学問の進歩は計算という数学的難問で妨げられることになる。

自分がペンシルヴェニア大学の風土に合わないのを承知していたモークリーは、自身の考える装置が従来型の装置の類似品に見えるような工夫までしていた。大学が急進的なプロジェクトに多額の資金を傾けないことがわかっていたからだ。この新しい機械は「あらゆる意味で、計数用に現在製造されている機械式加算・乗算・除算機の電子版と言える」と彼は記している。また、そのデジタル・システムの説明では「まったく単純ではないだろうか?」とまで書き添えている。

当時、ハーヴァード大、MIT、ベル研究所といった研究機関は、可動部品を使い、人間よりも速く加減乗除ができるアナログ・マシンを懸命に開発していた。しかし、そのような機械は、すべての可動部品が完全に正しく配置されていない限り、正確な答えを出すことができない。そのうえペンシルヴェニア大学の微分解析機同様、スピードも遅かった。一方、デジタル・マシンはそれより格段に正確でスピードも速いはずだった。しかし、デジタル装置はこれまでにないまったく新しい概念だったため、あえてアナログ装置を放棄し、そちらに転向しようとする者はほとんどいなかった。

　モークリーが書いた企画書はペンシルヴェニア大学の学部長たちに無視され、夢見がちな人物の他愛ないアイデアとして黙殺された。「当時、われわれのなかでモークリーを信用しているものはひとりもいなかった」と、同大学の研究所長、カール・チェンバースは語っている。その企画書は、ファイルされたまま忘れ去られ、のちに紛失したとされている。だがおそらく、それは最初から屑かご《サーキュラーファイル》行きとされたに違いない。

第3章 着実な前進

一九四三年四月、愛車スチュードベイカーの盛大なエンジン音とともにフィラデルフィアをあとにしながら、ハーマン・ゴールドスタイン中尉は、緊張を隠すことができずにいた。向かう先は、陸軍の上層部やアメリカ有数の科学者たちとの会議。彼はそこで膨大な資金を要する機密プロジェクトを、陸軍に売り込むことになっていた。

青年中尉であれば、こんな場合期待に胸をふくらませてもよさそうなものだが、ゴールドスタインは不安感にうちふるえていた。連合国が第二次世界大戦に勝利するには、このプロジェクトが絶対に必要だ、そして自分はそれを実現することができる、と彼は確信していた。だが一方では、そんなプロジェクトは愚行のきわみだ、絶対に成功するはずがない、とＭＩＴなどの研究機関の科学顧問たちが言っているのも承知していた。それでもゴールドスタインは、みずからの面目と自身の今後のキャリアを、いま自分の車の後部座席に座っている二人の男に賭けようとしていた。

戦争は、人の運命を奇妙な形に曲げることがある。一九三六年、数学の博士号を取得してシカゴ大学を卒業したゴールドスタインは、声をかけてきた一流大学の教員職の中から、ミシガン大学の教授の椅子を選んだ。そして一九四二年七月、彼は招集される。とは言っても、世界の政治的問題よりむしろ数学的問題の解決に余念がない、ひょろりとしたインテリの彼は、とうてい兵士になれるタイプではなかった。したがって、ゴールドスタインには銃を持たせるよりデスクワークをさせたほうが国のためになる、と学生時代の教授が陸軍にコネのある友人に電話を入れてくれたことは、まさに天の恵みと思われた。その結果、ゴールドスタインは、軍に兵器を供給するメリーランド州アバディーン試験場の弾道研究所に配属された。

アバディーンは、フィラデルフィアとボルティモアの中間、チェサピーク湾に突き出した広大な土地だ。その草原となだらかに起伏する丘陵を利用して、軍は大砲やその他の兵器の試験をしていた。射撃手には丘の向こうの標的が見えないことも多いため、大砲の照準合わせは射撃表（射表）が頼りとなる。砲弾の飛距離は、風速や風向きから湿度、気温、海抜まで無数の要素に左右される。火薬の温度でさえ影響するのだ。

一五五ミリの《ロング・トム》のような大砲の場合、五百通りもの条件を記した射表が必要になる。さらに、新型の大砲や砲弾には新しい射表がなくてはならず、アバディーンではその計算が試射や数式に基づいて行われていた。射角や砲弾の初速、空気密度、風速といった可変要素の数値ごとの弾道すべてが揃った完全な射表を作るには、一カ月以上かかる。アバディーンでは当時、ボタンを押し、大きなハンドルを引いて使う卓上計算器で計算をする女性チームがあり、彼女たちは〝コンピュータ（計算者）〟と呼ばれていた。

一九四三年のはじめ、連合国側の戦況はかんばしくなかった。ヒットラーはヨーロッパを支配、アメリカとイギリスの軍隊はアフリカで苦戦し、太平洋のアメリカ艦隊は日本軍をガダルカナルまで押し戻すのがやっとだった。工場では大型の大砲が大量に生産されていたが、それでもまだ十分とは言えなかった。一方、アバディーンの射表作成は大砲の生産にはまるで間に合わず、ヨーロッパやアフリカに送られた大砲は照準を合わせられない無用の長物となっていた。地形の違い、特にアフリカの地形の違いも、軍にとっては大問題だった。一九四二年の秋に陸軍が上陸したアフリカは地盤が弱く、大砲のはたらきがヨーロッパとは異なるため、ヨーロッパ用に作成された射表は使えないことが判明した。そこで、軍はすべての計算をペンシルヴェニア大学ムーア・スクールに委託した。ムーア・スクールは微分解析機を持っていたからだ。さらに軍は、計算力増強のために文官で構成された人間コンピュータ・チームまで編成した。だが、それでもまだ十分とはいかなかった。

数学者の几帳面さを見込まれてペンシルヴェニア大学での計算作業をまかされたゴールドスタイン博士は、何をおいてもすぐに射表を完成させよ、と命じられた。最初はたやすい任務に思えたが、その困難さに気づきはじめると、そんなのんきな思いは消し飛んでしまった。射表作りは大仕事で、大砲が戦場に到着するまでに射表を完成させるなど、どうあっても不可能だ。ゴールドスタインは数学専攻の女子大生をスカウトしようと、数学者だった妻のアデルに全米をまわらせたが、それでもひと握りの人材しか見つけられなかった。彼は微分解析機をフルに稼動させるように技術者たちの尻を叩いたが、この機械がまたしょっちゅう故障するのだ。

そんなある日、ゴールドスタインは、新任のジョン・モークリー教授のアイデアについて聞いたことがあるか、とペンシルヴェニア大学の大学院生から尋ねられた。ペンシルヴェニア大学の教授陣が誰もそれを取り合わないのは、あまりにもばかげているように思えた。モークリーはなんと、例の〝コンピュータ〟たちの代わりとなる電子計算機をつくりたがっていたからだ。

独創的な提案

ゴールドスタインがモークリーを探し出してそのアイデアについて尋ねたとき、モークリーは自分の幸運に耳を疑った。軍こそが例の機械を実現させる手だと直感したモークリーは、突如として射表のエキスパートに変身した。彼は、微分解析機が置かれた地下室に下りていくと、射表に取り組む作業員たちをからかうように「これを二十秒でやってのける機械があったら、すばらしいと思わないかい?」と聞いて回った。

「彼はちょっとおかしいんじゃないかしら、と私たちは思っていました。夢でも見てるんじゃないかって思ったんです」と、後年、例の女性〝コンピュータ〟のひとりは語っている。

ハーマン・ゴールドスタイン中尉
（一部。スミソニアン協会）

「ジョンは最初からコンピュータを作ろうと考えていたわけではありませんでした」と何年もあとにエッカートは語っている。「ジョンの目的は気象の予測でした。気象予測に取り組んでいるうちに、その膨大な量のデータを扱う計算機がない、ということに気づいたにすぎないのです」

ゴールドスタインは、モークリーのアイデアに即座に乗ってきた。二十九歳と若かった彼は、新たな研究が現状を大きく打開するかもしれないと、期待をふくらませたのだ。彼は軍との窓口になっていたムーア・スクールのジョン・グリスト・ブレイナードのオフィスに意気揚々と乗り込むと、モークリーの企画書を見せてくれるように頼んだ。しかし、ブレイナードは六カ月前に提出されたその覚え書きをどこかにやってしまい、モークリーの秘書の速記メモをもとに作り直しはしたが、七ページあったはずのそれは結局、五ページのメモになってしまった。ブレイナードはそれに「興味深く読んだ」という消極的な推薦文を付け、ゴールドスタインに送った。

ゴールドスタインは、微分解析機を電子化する、すなわちすべての歯車や回転盤を電気パルスで動く電気計数器に代える、というモークリーのアイデアを即座に飲み込むと、このアイデアを軍の上層部に進言し、資金調達を要請してくれるように直属の上司を説得した。大歯車を百万分の一秒で止めたり動かしたりするのは、きわめて難しい。だが電子だったら、簡単に百万分の一秒で動かしたり止めたりできる。したがって、電子を使ったマシンの方がずっと速く正確だという理屈は理にかなっていると、ゴールドスタインは考えた。

大学はモークリー同様、ゴールドスタインのこともまともにはとりあわなかった。「そんなたわごとを真剣に相手にする者などいるはずがない、とブレイナード博士はたかをくくっていた」とモークリーは一年後の一九四四年の日記に記している。「彼は私に、ゴールドスタインはまだほんの子供で世間知らずだ、だから、あの機械を実際に作れるかもしれないなどという彼の言葉は真に受けないように、と忠告した」

しかしゴールドスタインは、愛車のスチュードベイカーでアバディーンの幹部とのミーティングに向かうところまでこぎつけた。ゴールドスタインが運転をしていたのは、軍が気前良くガソリンの配給ポイントをくれていたからだった（国内の燃料の大半は軍用に回されていたため、フィラデルフィアではガソリンが欠乏していた）。スチュードベイカーの後部座席には、モークリーとエッカートという奇妙な取り合わせの二人、そして助手席にはなんとも腑に落ちないといった面持ちのブレイナード博士が乗っていた。

この一九四三年四月九日にハーマン・ゴールドスタインが軍に紹介しようとしていたのは、単なる青二才と夢想家としか言いようのない無名の二人だった。エッカートはちょうどその日二十四歳になったばかりで、ゴールドスタインですら、軍が彼らをまともに相手にするだろうか、と不安になったほどだ。モークリーとエッカートはすばらしいアイデアをもってはいたが、生涯で最も重要な会合に向かう車の後部座席で、まだ紙と鉛筆を手に、軍に提出する企画書の部分的な書き直しに夢中になっていたのだ。

当時、軍部はまさに藁をもつかみたい状況にいた。あまりにも追いつめられていたからこそ、新米の中尉が持ってきたなんとも突飛なアイデアにさえ、耳を貸したのだ。ドイツのUボートは、アメリカ沿岸に近い大西洋やメキシコ湾でも船舶を撃沈し、アフリカでの戦闘は熾烈をきわめていた。「戦時中の当時、世の中はとにかく新しいアイデアをもっている人間を探していました」と、射表に取り組んでいた例の人間コンピュータのひとり、ライラ・バトラーは語っている。

モークリーでさえ、一度ペンシルヴェニア大学に反古にされた自分のアイデアに再びチャンスが巡ってきたのは、戦争のおかげだということがよくわかっていた。「戦況は悪化していた」と彼は語っている。「最初にこのアイデアを提案した当時、アメリカはまだこれほど追いつめられていなかったんだ」

軍の基地に到着すると、モークリーとエッカートは秘書のいる別室に通され、ブレイナードたちが将校クラブで昼食をとっているあいだに企画書の最終変更を行った。定期的に食事をしないと貧血を起こす体質のモークリーは、だんだん気分が悪くなってきていた。

軍の将校というものは、そもそも疑ぐりぶかい連中だ。誇大妄想的で相手を信用しないでこそ一人前の軍人だということを、彼らは承知している。したがって、アバディーンの指揮官たちの説得は一筋縄ではいかないと考えられていた。

実はゴールドスタインがモークリーのアイデアを売り込もうとしたその少し前、別の科学者グループも、新たに発見された核分裂の科学と、それを利用した途方もない威力を持つ爆弾の作り方を軍部に伝えるために、アバディーンを訪れていた。アバディーンはその提案を却下したのだが、結局その決定はフランクリン・D・ローズベルト大統領によってくつがえされることになる。ヒットラーがポーランドに進攻した直後に開かれたウラニウムについての最初の諮問委員会でも、軍の兵器専門家、キース・F・アダムスン中佐は、そのアイデアをまだまともにとりあっていなかった。諮問委員の一人、エドワード・テラーによれば、中佐はその会合で「アバディーンでは十フィートのロープで杭につないだヤギを飼っているが、そのヤギを殺人光線で殺すことができたらすごい褒美をやる、と約束しているぐらいだ」と言ったという。

〃プロジェクトY〃という暗号名が付けられたマンハッタン・プロジェクトが生まれたのは、一九四二年秋のことだが、その数カ月後のこのとき、ゴールドスタインは壮大で雲をつかむようなもうひとつのプロジェクトを携えて、アバディーンへ乗り込んだのだった。

「サイモン、ゴールドスタインに金を出してやりたまえ」

その会合には、弾道研究所の所長、レスリー・E・サイモン大佐や、軍の研究所で技術顧問を務める著名な数学者、オズワルド・ヴェブレンも同席していた（ヴェブレンとアルバート・アインシュタインは、プリンストン大学高等研究所の初代教授だった）。会合には軍の将校たちだけでなく、学界の大御所たちも集まっていたのだ。

この説得には骨が折れるだろうとゴールドスタインは考えていたが、結局それは取り越し苦労に終わった。この科学的な絵空事に当初彼らが見せていた懐疑的な態度とはうらはらに、軍の上層部は、あっさりとこのアイデアを受け入れたのだ。それほど資金もかからないうえ、科学的にもさして荒唐無稽なものではない、というだけの理由だったかもしれないし、前回彼らが一蹴した突飛なアイデアが、大統領によって採用されたせいだったかもしれない。電子は一般に広く理解されており、ラジオやレーダー、電話、そして新たに登場してきたテレビに、パワーを供給する日常的な存在となっていた。

また、モークリーとエッカートの提案も、新しい科学というよりはむしろ既存の電子技術の改良版として紹介された。彼らが提案したのは、ひとつの計算の結果を使って別の複雑な問題を解くために、一ダースの卓上計算器をつなぎあわせ、それらが互いに「やりとり」できるようにする機械だった。それは射表の計算だけでなく風洞の計算や、天候の型の予測もできる、汎用的マシンとなるはずだ。

それにこれは、ウランのかたまりに同じウランを点火プラグとして撃ち込み、ひとつの都市をまるまる吹き飛ばす強力な爆弾を製造する、といった異様な提案でもなかった。

このミーティングがはじまると、ヴェブレン博士はゴールドスタインの話にしばらく耳を傾けてから、彼の話をさえぎった。そして椅子の後脚二本に重心を傾けながら、決定を言い渡した。「サイモン、ゴールドスタインに金を出してやりたまえ」

それで終わりだった。こうして〝プロジェクトPX〟は誕生した。

軍は、ペンシルヴェニア大学と開発契約W―六七〇―ORD―四九二六を結び、エッカートとモークリーが《エレクトロニック・ニューメリカル・インテグレータ》と呼ぶ機械の最初の六カ月分の予算として、六万一七〇〇ドルを拠出した。これはのちに、弾道研究所の副所長、ポール・N・ギロン大佐の提案で、エレクトロニック・ニューメリカル・インテグレータ・アンド・コンピュータ(Electronic Numerical Integrator and Computer：電子式数値積分・計算機)と改名された。そしてMIT出身のギロンは、軍隊風のやり方にのっとり、このプロジェクトに覚えやすい頭文字名、ENIAC《エニアック》という名を付けた。

この数十年後には、二十代の若者やティーンエイジャーたちが自宅のガレージでの作業で、コンピューティングの世界を一変させるようになる。しかし一九四〇年代当時、これほどの期待と公的資金がこんなにも若い青年たちに傾けられたということは、まさに驚きだ。このときモークリーはまだ三十五歳だったが、グループの中では長老だった。「戦争がなかったら、たかだか二十四歳の若造の仕事にこれほどの大金を投じる者など、いなかったでしょう」とエッカートは語っている。

それでも、若さにはそれなりの利点があった。「ジョンと私があと五歳年をとっていて、もっと経験豊富だったら、真の電子式コンピュータなど作れないことが『わかって』いたかもしれないのです」とエッカートは付け加えている。

第4章 仕事にかかる

興奮で気持ちがはやりはしたものの、エッカートとモークリーは慎重に作業を開始した。実は彼らは、自分たちを後援してくれた人たちが誰ひとり知らない、あることを知っていた。実は、これから作ろうとするマシンの基本的な輪郭はできていたものの、それをどう作るかまだ具体的に考えていなかったのだ。それに、エイケンのようにIBMのエンジニアが総出でそのコンセプトを実現してくれたのと違い、彼らはすべてを自分たちの手でやらなければならなかった。

二人はとりあえず、ENIACを三つの主要部分で構成することにした。ひとつ目は、演算を実行する独立した計算機構で、加算用ユニット、高速乗算装置、そして割り算と平方根を処理するように配線されたボックスから成る。

二つ目は、数字や命令を記憶するメモリ・ユニット。数字がマシン内をすばやく駆け巡らなければならないから、マシンの大部分は電子式となるが、そのうちのいくつかは、計算の中の定数を設定するスイッチが付いた大型機械式パネルだ。これらのパネルが送り出す数字は電子式だが、数値の設定はスイッチで行われる。どちらにしても、紙テープは使わない。紙に記録したものはスピードが遅すぎるからだ。また、パンチカードも、問題を入力する最初の段階で使うだけだ。

三つ目は、マシン全体を制御するマスター・プログラマー。マスター・プログラマーは実際に数字を計算するためのものではなく、マシンの他の部分に命令を出したり、電子パルスを正常に保つためのものだ（このころには、〝メモリ〟や〝プログラマー〟はすでに一般的なコンピュータ用語になっていた）。この三つの主要部分に加え、演算を起動するユニットや、全体を同期化するサイクリング・ユニットなど、いくつかの周辺制御機器が必要となる。ＥＮＩＡＣは四十人編成のオーケストラのようなものだから、どうしても強力な指揮者がいるのだ。

現在でも、このコンピュータの基本構造は変わっていない。

それぞれの装置は、数字を共有したり、ケーブルを通じて指示を出すことができるように配線でつながれている。モークリーは、ケーブルを電話線のように束ねたものを、二人がデジット・トレイと呼ぶトレイに利用し、プログラム・トレイにも同様のケーブルを使おうと考えた。デジット・トレイは十一本のワイアを束ねたもので、これを通して十桁の数字とプラスまたはマイナス記号が伝達される。このデジット・トレイはマシン全体に張り巡らされ、固定されている。一方、プログラム・トレイも十一本のワイアで構成されるが、これは取り外しが可能で、プラグ接続のやりかた次第でマシン全体に信号を送ることも、特定の装置に特別の指示を送ることもできる。このプログラム・トレイは、ブッシュの微分解析機で静脈や動脈の役割を果たすシャフトや、ライプニッツとバベッジが使ったクランクの、電子版イトコといったところだ。

しかしモークリーは、計算機の歴史をきちんと学んだ上でこの仕組みを作ったわけではなかった。自分が気象パターンの計算に使ってきた計算器のように、卓上計算器を十台もしくは二十台いっぺんにつないでしまいたい、という彼の単純な願望から生まれたにすぎないのだ。たしかに、微分解析機のアイデアをいくつか応用はしたものの、機械式卓上計算器を電子化したいという思いが、彼の発想の真の源だった。それに、多くの計算をひと続きにつなぎあわせれば、複雑な問題でも処理することができる。モークリーだけでなく、ＥＮＩＡＣの初期開発に携わったほとんどの人間は計算機研究の主流からはずれていたため、彼らはバベッジの名前も、その設計も聞いたことさえなかった。

したがって、彼らは計算を実行する中央演算処理装置（すなわちバベッジの〝ミル〟）の概念など、まったく知らなかった。ＥＮＩＡＣの演算機能が分散され、数字の記憶や記憶された数字の加算を行う二十台のアキュムレータなど複数のボックスに機能が散開しているのは、そのせいだ（アキュムレータ〈累算機〉は卓上計算器に使われていた用語）。

エッカートとモークリーは、まずマシンの論理設計と、素材の検討にとりかかった。回路に数を数えさせる基本技術はすでに開発されていたが（スティビッツのフリップフロップがそれだ）、そのような既存の計数回路でＥＮＩＡＣに応用できるものはなかった。しかしエッカートは、自分なら必ずＥＮＩＡＣ用の計数回路を設計できる、と考えていた。

それより難しかったのは、回路を制御する方法、すなわち適切なパルスが適切な回路に進み、その回路が正しい順序と正しいタイミングで計算を行うようにコントロールする方法を、編み出すことだった。はじめのうち、マシンの制御、つまりマシンのプログラミングは、「必ず作れる」という根拠のない確信でしかなかった。エッカートもモークリーも、制御装置は絶対に作れると信じてはいたが、その方法がわからずにいた。

「ゆっくりと始めたのは賢明でした」と、のちにエッカートは語っている。

ENIACチームの編成

一九四三年七月、二人はこのプロジェクトに任命された大学の職員わずか十二人とともに、仕事を開始した。プロジェクトは、ムーア・スクールの建物の一階。以前、楽器工房として使われていた、薄暗い壁にたる木がむき出しの部屋だ。このプロジェクトの重要な役割を買って出た古株のエンジニアはひとりもいず、ムーア・スクールがいかにこのプロジェクトを信用していないか、そしていかにこの試みに乗り気でないかは、一目瞭然だった。

しかし、そのメンバーの若さがプロジェクトには幸いした。ENIACチームに任命されたのは、奇妙な顔ぶれの、しかし豊かな工学的才能をもった一団だった。茶目っ気と創意に富んだ設計で周囲

ENIACの設計チーム。左から、ジェイムズ・カミングス、カイト・シャープレス、ジョゼフ・チェダカー、ボブ・ショウ、ジャック・デイヴィス、チュアン・チュー、ハリー・ハスキー、プレス・エッカート、ハーマン・ゴールドスタイン中尉、アーサー・バークス、ブラド・シェパード、F・ロバート・マイケルズ、そしてジョン・モークリー（チャールズ・バベッジ研究所）

に愛された、エンジニアのボブ・ショウ、モークリーとともに軍の電子工学研修コースを受講し、モークリー同様に教授の職を与えられた、哲学博士のアーサー・バークス、フィラデルフィアのクエーカー教徒の家に生まれ、論理的かつ知的で思慮深いエンジニアの、カイト・シャープレス、名門出身の中国人移民チュアン・チュー、ボブ・ショウとともに遊び半分で穀物の先物取引に手を出していたのんきな独身者、ジャック・デイヴィスたちが、グループの面々だった。

モークリーのコンセプトとエッカートの設計に基づき、彼らにはそれぞれマシンの部分的な設計が任された。とは言っても、回路図はすべてエッカートの承認を受けてから描かれた。

先天性の白皮症だったうえ、脊髄も患っていたショウは、身体が弱く、足を引きずり、視力も盲目に近いほど弱かったが、グループの意欲をかきたてることにかけてはピカ一の存在だった。視界が六インチ四方しかなかったにもかかわらず、彼は紙に鼻をこすりつけるようにしながら、縦三フィート、横五フィートの紙に、とてつもなく大きな回路図を描いた。仕事熱心で、体調についてひと言も愚痴をこぼさない彼は、いつもグループにほがらかなムードをもたらした。

「彼は話がうまく、文章も立派で、すばらしい教師でした。そのうえ、茶目っ気たっぷりの型破りなユーモアセンスがありました」と、ムーア・スクールの地下で弾道の計算をしていた女性のひとり、ジーン・バーティク（旧姓エリザベス・ジェニングス）は語っている。「みんなで楽しく騒ごうという話には、いつだってのってきましたよ」

新しいプロジェクトに取り組む興奮と戦争のプレッシャーが、グループに拍車をかけていた。連合国はヒットラーやベニート・ムッソリーニに攻撃をかけ始め、連合軍はＥＮＩＡＣプロジェクトが開始された一九四三年七月にシシリーへ進攻。この進攻に先駆けて、米空軍はローマの空爆を行った。射表の必要性はいっそう高まり、ＥＮＩＡＣプロジェクトも昼夜の休みなく進められていった。

それに伴い、エンジニアたちは奇妙な時間帯に出勤・退勤するようになる。エッカートとモークリーは二人とも夜型で、午前中遅くに出勤し、早朝に帰宅して、ほぼ二十四時間体制で働いた。全員、週七日労働のスケジュールが組まれ、毎週土曜の朝には、問題を話し合い、大学側に最新情報を報告するミーティングが開かれた。ムーア・スクールには三人の研究主任がいたが、そのひとりのカール・チェンバーズは、このミーティングに必ず出席した。一方、当初このプロジェクトをばかにしていたにもかかわらずENIACの主任管理者に任命されたジョン・グリスト・ブレイナードは、とりあえず出席はしていただけだった。「どんなことが行われているのか、彼にはあまりわかっていなかったんだ」とジャック・デイヴィスは語っている。

このプロジェクトの陸軍側の担当者だったゴールドスタイン中尉は、エッカートとモークリーにほとんどつきっきりで、彼らと三食をともにすることも珍しくなかった。プロジェクト・グループにとってゴールドスタインは、単なる軍の供給係以上の存在になっていた。彼はマシンの設計や構築に積極的に参加し、回路の論理的配線や演算の数学的方法についてエンジニアたちと夜更けまで語り合うことも、しょっちゅうだった。エッカートはゴールドスタインのことを「彼は、仕事を進めていく上での潤滑油でした」と語っている。

エッカートはその年に結婚し、家庭でも良き伴侶を得ていた。彼の花嫁へスター・コールドウェルは、フィラデルフィアの名家ウォランダー家の出身で、エッカートは汽車のなかで彼女に出会ったとき、自分と結婚して欲しいと、婚約者のいた彼女を口説き落としたのだった。

見えてきた最初のコンピュータのかたち

ＥＮＩＡＣのプロジェクト・グループは、まずアキュムレータにとりかかった。エッカートとモークリーは、プラスまたはマイナス記号の付いた十桁の数字を保存できるアキュムレータを作りたいと考えた。そこで彼らは、単にアキュムレータがパルスを数えて数字を出すのでなく、数字のそれぞれの桁に回路をひとつずつ割り当てることにした。通常、３３３という数字には三三三個のパルスが必要だが、そのかわりに百の桁の回路に三パルス、十の桁の回路に三パルス、一の桁の回路に三パルスを使うようにする。こうすれば、全部合わせてもわずか九パルスで間に合うことになるのだ。

この設計によって、八桁や十桁の大きな数字に利用するパルスも大幅に節約できるようになり、マシンのスピードは格段に速くなった。たとえひとつのパルスの送信にわずか百万分の二秒しかかからないとしても、その違いは大きい。彼らが陸軍に約束したのはスピードの向上だ。したがって、スピードが上がるのであればどんなものでも大歓迎だった。エッカートとモークリーは、データ処理の速度を落すことになる障害物を避けるため、アキュムレータには数字を記憶するだけでなく、その数字の足し算や引き算、そしてその結果をマシン内の他の場所に送信するといった仕事もさせることにした。

計数回路の設計は、当初考えていたよりずっと難しかった。エッカートとモークリーが知っている計数回路の設計は四種類あったが、四つとも物理の実験など他の目的で考案された回路だった。

ENIACのアキュムレータのクローズアップ写真（ハグリー博物館）

「当初、計数回路などの重要な基本的回路は、他で作られたものを流用できると考えていた。しかしそうはいかないことが判明。ＥＮＩＡＣに組み込めるだけの機能と信頼性を備えた回路を開発すべく、多大な努力を払っている」と最初のＥＮＩＡＣ進捗報告書には記されている。

モークリーは、スティビッツがフリップフロップに採用した電気機械式のリレーの代わりに、スワーズモア大学が物理実験で計算に使っているのを実際に目にし、みずからも初期の装置で利用していた、真空管を使いたいと考えていた（エッカートはレーダーのプロジェクトで真空管を使っていた）。リレーと真空管の働きは、よく似ている。最も基本的な真空管にはオンとオフの二つの状態があるが、リレーにもやはりオープンとクローズの二つの状態がある。しかし、ワイア内を光の速さで流れる電子と違い、リレーの接極子はそれほど速くは動かない。したがって、真空管の方がリレーよりずっと速く切り替えることができるのだ。

ごく基本的な真空管には、刺激すると電子を放出するカソード（陰極）と、その電子を受け止めるアノード（陽極）、そして電子の流れを制御するグリッドがある。また、カソードの温度を電子を放出できる程度にまで上げるヒーターもある。真空管にかけられる電圧が高ければ高いほど、放出される電子は増加する。真空管は電流の増幅や整流を目的に開発されたもので、たとえばテレビなどでも、画像の制御に使われていた。しかしＥＮＩＡＣでは、オン・オフのスイッチとしてだけ使われた。

エッカートとモークリーは、高射砲の電子制御を設計し、計数回路についての修士論文も発表していたＭＩＴのペリー・クロフォードの研究を検討した。また、真空管や回路を製造するラジオ・コーポレーション・オブ・アメリカ（ＲＣＡ社）も訪れた。この訪問の手配をしたのはゴールドスタインで、エッカートとモークリーは同社の真空管エンジニアや著名な科学者ジャン・ラジクマンとともに、精密なタイミング回路を改造し、電子計算回路として利用する作業に取り組んだ。

実は、ＲＣＡ社は一次下請け業者としてこのプロジェクトに参加しないか、とムーア・スクールに誘われたのだが、その要請を辞退していた。この運命的な決定を下したのは、電子研究所長でテレビの共同発明者でもあるウラジミール・ズウォリキンだったと言われている。ズウォリキンは、そんなに多くの真空管を一斉に作動させるなど絶対に不可能だと考えており、ＲＣＡの科学者たちも、ムーア・スクールの若者たちはたいへん熱心だが「あまりにも幼稚だ」と見ていた。しかし、同社は「戦時協力」の精神から技術的アドバイスをすることには同意していた。こうしてＲＣＡは、コンピュー

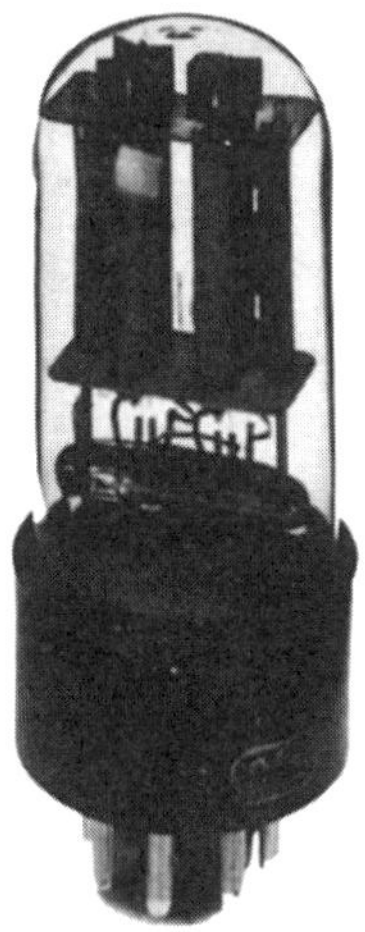

ENIACに使われたものと同型の真空管
（ビル・ウェストハイマーの許可による）

タ産業に参入するチャンスをみずから逃してしまったのだ。

そうこうするうちに、エッカートはコンピュータで利用できる計数回路をついに考えついた。彼のすべての要求を満たすその計数回路は、足し算や引き算ができるだけでなく、数字の合計が九より大きくなれば、その数字を繰り上げることもできた。また、高速で、扱い方がやさしいうえ、計算の結果を次の装置に伝えることもできる。その計数回路は十個のフリップフロップ（それぞれのフリップフロップは二つの真空管で構成されている）が、彼らの言うディケード・カウンター・リングを構成するように配置されていた。

エッカートは、そのフリップフロップを一度にひとつの真空管だけがオンとなるように配線した。これはエラーを大幅に減らす重要な工夫だ。真空管Aがオンとなっているときに次のパルスが入ってくると、そのフリップフロップはBをオン、Aをオフにし、そのパルスを次の回路のフリップフロップに送る。その数字を表す五つめのフリップフロップがオンとなっているときに、コンピュータが五に三を加えようとひと続きの三パルスを送ってきた場合、五のフリップフロップはオフとなり、パルスは八のフリップフロップで停止、すなわち八のフリップフロップだけがオンになる。つまりその回路が表すのは五と三の合計、というわけだ。ひとつのディケード・カウンター・リングに必要な真空管は、十桁のそれぞれの数字用に二十本、そしてプラスやマイナス記号およびその他の制御用に八本ということになる。

二進法で作動する計数装置があることは、モークリーも知っていた。この装置の場合、数字は1と0で構成されるから、フリップフロップの言語としてはいかにもおあつらえ向きにみえる。しかし彼とエッカートは、もっと一般的なもの、すなわち十の基数を利用する十進法を使ったほうがいいと考えた。ＥＮＩＡＣをできるだけ「従来型」のものにしたかったし、なんといっても二進法を採用すると十進法の場合よりもたくさんの真空管が必要になってしまうからだ。しかし、十進法を採用したために、計数回路の設計はスティビッツのものよりずっと複雑になるというおまけがついてしまった。

マシン内を駆け巡る電子に命令を与えるディケード・カウンターは、パルスを数字に変換するというきわめて重要な技術を実現した。この計数器《カウンター》は、本質的には、パスカルが考案した数字を数えながら回転する十の刻み目付き歯車の、電子版と言える。回路は独立したユニットになっており、スチール製のシャーシにモジュール式に接続されている。したがって、もしひとつの回路の動きが怪しくなったら、その回路を引き抜いてスペアと交換すればよく、どの真空管が機能しなくなったかをいちい

ENIACのユニットの背後
（スミソニアン協会）

ち調べなくてすむ。プロジェクト・チームのメンバーたちは、この発明をエッカート計数器と呼んでいたことさえあった。

「当初、私たちは大きな期待を抱いてはいたものの、コンピュータの実現に自信満々だったとはとても言えません。しかし三カ月が過ぎるころには、コンピュータは必ず作れると確信するようになっていました」とエッカートは語っている。「私たちはさまざまな計数回路を作り、やっとのことで自分たちのマシンに必要な高い安全性を示すものを見つけることができました。これは、この仕事を私たちがやり遂げられることを示す、最初の具体的な証でした」

最終的に、ＥＮＩＡＣのアキュムレータは、大量の真空管がぎっしりと詰め込まれた高さ九フィートの怪物となってしまい、それをうしろから眺めると、まるでジャンボトロンの巨大テレビ画面に映る粒子のように見えた。真空管は配線の網目にはめ込まれ、ライトはパネルの外側で点滅する。どの回路が機能しているかがひと目でわかるように、ライトは外側に取り付けられていた。コンピュータが稼動するには光が点滅していなければならない、とハリウッドの映画人たちが思い込んだのは、きっとこのせいに違いない。ＥＮＩＡＣの電源が入っているときにアキュムレータを開くと非常に危険なため、エッカートはアキュムレータが開かれると電流が止まり、感電がおきないようにする安全スイッチを、ドアパネルに取り付けた。

プロジェクトには、本当にすべての真空管を稼動させることができるのか、という大きな疑問が重くたれこめていたが、おそらくそれは、彼らが直面した最大の問題でもあっただろう。真空管は簡単に燃え切ってしまうため、あてにならないことでは、つとに有名だった。一本でも真空管が燃え尽きてしまえば、計算結果はすべてとんでしまう。ＥＮＩＡＣは最初、この気まぐれな真空管という代物を五千本使うように設計され、一秒に十万のパルスを操作することになっていた。つまり、計算が台無しになる可能性は一秒につき五億回あるというわけだ。

ＭＩＴの学者をはじめとする当時の高名な科学者たちの多くは、ＥＮＩＡＣを正確に作動させることなど絶対に無理だと考えていた。ただでさえ真空管はあてにならないのに、ＥＮＩＡＣには途方もない数の真空管が使われていたからだ。当時のテレビには、三十本の真空管しかなかったが、それでも頻繁に修理が必要だった。一九三〇年代の末に作られたノヴァコードという名の電子オルガンに使われていた真空管は、一六〇本。また、この当時一番多くの真空管を使っていたのは、ロス・アラモスで作られたマンハッタン・プロジェクト用の計数器だったが、これには二、三百本の真空管が使われていた。しかしＥＮＩＡＣが使う真空管は、その二十倍以上あるのだ。それだけでも十分腰が引けてしまうが、さらに悪いことに、戦争のせいで工場から熟練工たちがいなくなったため、真空管の品質は低下していた。「成功させるには、これまでの百倍の用心が必要でした」とエッカートは語っている。

そのリスクを計算したエッカートは、自分がどんな難題に直面しているのかを、よく承知していた。信頼性が一番高い構造を見つけようと、彼は動作中の真空管をさまざまな方法でテストした。さらに、できるだけ良質の真空管を探し回り、結局、電話会社が大西洋横断ケーブル用に作った装置に行き着いた。また、その真空管が対応するように設計された電圧よりも電圧を下げれば、真空管の寿命が伸びることも発見する。最終的に、彼は真空管に通す電圧を通常の一〇パーセント以下にまで落とすことにした。

「すべての回路設計を、代数と細かい計算に基づいて点検しました。また、ずいぶんと用心もしました。その真空管にこれこれの耐久性があるとメーカーが謳っていれば、耐久性はそれ以下、とみなしたんです」とエッカートは言う。

機能不良に対する彼の過剰なまでの恐れは、エッカートの設計のすべてに見てとれた。彼はカゴに入ったネズミを手に入れてくると、数日間餌をやらずにおいてから、そのカゴにさまざまな種類のワイアを入れ、ネズミがどのワイアを好んで食べるかを調べるのだ。そしてＥＮＩＡＣには、ネズミに一番人気のなかったブランドのワイアを採用した。また、ＥＮＩＡＣにはノブが四千から五千あったが、そのノブがゆるむのを最低限に抑えようと、彼は先端に向かって細くなる、硬質の特別製スクリューを作ったりもした。

「そんなふうに製品規格にこだわりすぎる私を、周囲は少しおかしいのじゃないかと考えていましたね」と彼は語っている。

ゴールドスタインは引き続き外部から支援者を連れてきた。戦時下で新しく事務所を開く会社がほとんどなかったために仕事がなく、アルバイトをしていた電話会社の作業員たちを雇うと、マシン内の配線の大半を彼らにまかせた。計数回路や制御機能、そしてデジット・トレイやプログラム・トレイも含めると、配線の総延長は何マイルにも及ぶ。そのすべての配線を行うのは、とてつもなく複雑な作業だ。回路の配線をひとつでも間違えば、ＥＮＩＡＣは間違った答えをはじき出してしまう。たったひとつ接続を間違えるだけで計算が台無しになってしまうのだ。

名の通った科学団体にも、助言を求めた。マシンには電話部品も使われていたため、ベル研究所も協力を要請された。ＥＮＩＡＣに数字をロードして結果を吐き出す、特殊なカード読み込み機は、ＩＢＭが設計した。また、何千本もの真空管が発する猛烈な熱を排出する二十四馬力の換気システムは、外部のエンジニアリング会社によって設計された。

アキュムレータの設計に目鼻がついてくると、次は特定の命令とループを調整する「マスター・プログラマー」にとりかかった。マスター・プログラマーは、解がプラスからマイナスになったり、ループを百回繰り返したり、ひとつの構成要素が別の何かよりも大きくなったりといった特別の事態が起こるまでルーチンを実行するように、マシンに命じてサブルーチンを動かす。たとえば弾道弾の場合、コンピュータはその弾丸が標的にあたった時点で弾道の計算を停止しなければならない。したがって、弾丸の高度がゼロになったらコンピュータは別の作業にとりかかるのだ。マスター・プログラマーはマシンを自動化し、スピードも格段に速くする。また、コンピュータとカルキュレータを決定的に違うものにするのが、このマスター・プログラマーだ。つまり、コンピュータはカルキュレータと違い、みずからが出した数字を利用することができるのだ。

コンピュータにはデータに対応する能力があるが、その機能はプログラミングの中で「if…then」と記述されるサブルーチンの概念によって実現される。もしもXが起これば、これを実行せよ。もしYが起これば、他のことをせよ、といった調子だ。バベッジは一世紀も前にこのサブルーチンのアイデアを思いついていたのだが、モークリーやＥＮＩＡＣに関わった者たちはのちのインタビューで、自分たちはバベッジのことを知らなかった、モークリーはサブルーチンの概念をＥＮＩＡＣのために自力で考え出したのだ、と語っている。

モークリーは、このマシンにとって一番大切なのは「すべてのものを制御《コントロール》すること」、すなわちさまざまな機能を制御することだと考えていた。ＥＮＩＡＣを構成する要素の数は膨大だ。したがって、どうしても優れた制御装置が必要になる。そのすばらしいデザインは、このごく単純で実際的な理由から生まれたのだ。

しかし、モークリーやエッカートにしても、すべてをコントロールできたわけではない。ゴールドスタインの上司、ポール・N・ギロンが所属するアバディーンの科学指導者たちは、なぜかプログラムの規模を拡大し続けた。その野心がふくらみ続けていったせいで、アバディーンがENIACに解決を望む複雑な難問を処理するためには、プログラムをどんどん大きくしていかざるをえなくなった。そうこうするうちに、五千本だったはずのENIACの真空管は一万八千本にまで増え、十台だったはずのアキュムレータは二十台になってしまった。

同様に、プログラミングの処理方法も変更された。それぞれのアキュムレータには、もっと多くのプログラム機能を組み込まなければならなくなったが、マシンを追加していくだけというよりもむしろ、追加するそのマシン自体が、配線でつながれた小さなコンピュータのようになっていった。そしてついには、アキュムレータ内の部品の約三〇パーセントがプログラミング装置になってしまった。

これにより、マシンは、アキュムレータ内で実行する操作の信号をアキュムレータに送ることができるようになり、オペレータたちは、アキュムレータの外側にあるスイッチを設定し、足し算を実行するか、それとも引き算を実行するかをアキュムレータに命じるだけで、ENIACを「プログラム」できるようになった。

このプロジェクト用に明け渡されたムーア・スクールの研究室は、活気に満ちた場所となり、〝ホイッスル・ファクトリー〟という不遜なニックネームで呼ばれるようになった。それぞれのエンジニアの作業台は、部屋の壁に押し付けられるようにして置かれ、組立工や配線係たちが陣取るフロアの中央部では、マシンが形となっていった。仕事のペースはよりいっそう苛酷になり、エンジニアたちはまさに今日のシリコンバレーの〝ナード（おたく）〟の原形同然になっていった。二十四時間体制で働くこともしょっちゅうで、最終の路面電車に乗ろうとフィラデルフィアのシュルキル川に架かる橋を猛スピードで渡っていく彼らの姿も、何度となく見かけられた。「みんな真剣でした」とエンジニアのひとり、ハーマン・ルコフは回想する。「みんな、自分の仕事の重要性がわかっていましたよ」

チームリーダーたち――対照的なスタイルと人柄

一九四三年の秋、ドイツはローマを占領し、北アフリカに兵を進めた連合国は、イタリアに足がかりを作ろうと必死になっていた。ヨーロッパの大半はドイツの要塞と化し、ナポリ近郊ではアメリカ、イギリス、フランス、ポーランド、ブラジルの軍隊がドイツ軍の強者《つわもの》たちと戦っていた。しかし、山岳地の高台に守られたドイツ軍を南イタリアから追い出すのは、ほとんど不可能に思われた。そして一月、連合国の七万の兵と一万八千の車両が第三帝国の戦列の背後、ローマからわずか三〇マイルのアンツィオの海岸に上陸。ドイツは戦略上優位な高地を支配し、途方もなく血なまぐさい戦いが繰り広げられた。軍隊は海岸堡を築きはしたが、泥にはまりこみ、それ以上内陸には進軍できずにいた。

そんな中、ＥＮＩＡＣプロジェクトへのプレッシャーはいっそう高まり、フィラデルフィアの作業はさらに苛酷になっていった。それでも不思議なことに、プロジェクトＰＸチームのメンバーの間にひずみが生じることは、ほとんどなかった。あれほど性格の違うエッカートとモークリーが、なぜうまくやっていけるのかと、多くの人が首をひねったほどだ。

プレス・エッカートは怒りっぽく神経質で、エネルギーのかたまりのように落ち着きのない人物だった。まだ若いにもかかわらず頭が薄くなりかけている彼は、しじゅう爪をかんでいるそわそわとした青年で、その癖はＥＮＩＡＣのスタッフの間でたちまち語り種となった。エッカートは懐中時計の鎖を時計なしで持ち歩き、イライラが頂点に達するとその鎖をグルグルと振り回し続けるのだ。彼はスタッフに仕事を割り当てると、それをどのように仕上げてもらいたいかを説明し、完成したものに修正を加えた。また、問題が持ち上がったときに救いの手を差し伸べるのも、エッカートだった。「私は彼をすごく怖れていました」とジーン・バーティクは回想する。「彼は、大の男でさえ口がきけなくなってしまうほど気性が激しかったんです」

エッカートは、作業をする人たちに常に目を配っていた。「彼からハンダ付けをする場所を指示されなかったスタッフは、ひとりもいませんよ」とカール・チェンバーズは語る。ゆうべもっといいアイデアを思いついたから、と言って、朝出勤してくるやいなや、これまでの仕事を反古にするようエンジニアたちに言い渡したことも、幾度となくあった。

それでもチームのメンバーたちは、彼に揺るぎない尊敬と心からの好意を寄せていた。なぜなら彼は、怒りっぽくはあったが、決して悪意のある人物ではなかったからだ。エッカートの手厳しい叱責を招いたミスはすぐに忘れ去られ、そのあとは魅力的なプレス・エッカートが現れてその償いをするのだ。

「エッカートはこれ以上ないほど過酷な基準を設定し、例外は絶対に許さないと主張した」とゴールドスタインは自著のコンピュータ史の中で述べている。「エッカートが設定した基準は並外れて高く、彼は無限ともいえるエネルギーにあふれ、並々ならぬ発明の才と知性をもっていた。プロジェクトに一貫性をもたせ、その成功を確実なものにしたのは、彼だった」

失敗は、成功と同じぐらいエッカートのやる気を奮い立たせた。知識とは、何がうまくいかないのかを知ってこそ得られるものだからだ。そしてアイデアが浮かべば、全力でそれに食らいつき、そのすべてを吟味しつくすまでは、決してあきらめない。その集中力は大変なものだった。「エッカートには中途半端ということがありませんでした」と、エッカートの元クラスメートでこのプロジェクトのエンジニアとして働いたジャック・デイヴィスは振り返る。エッカートは、数週間放っておいた設計図を一瞥するやいなや、突如その欠陥に神経を集中するのだ。

また、何かを点検しようと夕方ふらりと実験室に立ち寄っては、結局、その夜の大半をそこで過ごしてしまうこともあった。「アイデアを思いつくと、彼は徹底的にそれを追求し、電話をかけては何時間も話しこんでいました」とバーティクは語る。「誰かと話しはじめると、無意識のうちにそのまま建物を出て、通りを歩いていってしまうこともありました」

それとは対照的に、ジョン・モークリーは周囲をなごやかにするタイプで、人を魅了し、常に大局を見る、愛すべきインテリだった。パートナーのエッカートは完全な仕事第一人間だったが、モークリーは常に人間優先だった。タバコを手放せないチェーンスモーカーの彼は、『不思議の国のアリス』についてとうとうと話すこともできれば、最新のブロードウェイ・ミュージカルの一節を引用することも、そして最近の時事問題について論じることもできる人間だった。

「彼は話好きで、アイデアの多くは人とのおしゃべりのなかから生まれているようでした」とバーティクは語る。「ジョンは人付き合いを楽しみ、おいしいものを食べ、おいしいお酒を飲むのが好きでしたね。また、女性や興味をそそる若い人たち、そして知的で奇抜な人間が好きでした。なんといっても彼は知識人でしたね……シニカルになるときもありましたが、基本的には楽天家で、道理は必ず通るものだと考えていましたよ」

モークリーは思索派だと言われていたにもかかわらず、ENIACの実際の製造作業にも深く関わり、エッカートも彼にだけはアドバイスを求めた。インフルエンザで寝込んだモークリーの自宅を、質問を抱えたエッカートが訪ね、重要な設計についての決定を下して帰ったこともある。二人をよく知らない者は、なぜエッカートがあれほどモークリーに忠実なのかが理解できず、どう見てもエッカートの方が優れた電気技術者なのに、どうしてあんなにモークリーを頼りにするのだろうか、と不思議がった。

プロジェクトが始まった最初の一年間、モークリーはそれまで通りの講義スケジュールを抱え続けていたが、必要とされればどんな作業にでも飛び入りで参加した。たとえば、スキーに行こうと決めたカイト・シャープレスが、「一週間で戻ります」というメモをメールボックスに残しただけで出かけてしまったときのことだ。シャープレスはそのころ、マスター・プログラマーのセントラル・タイミング・ユニットを設計していた。いわばマシン全体を同期化するメトロノームで、これがないと他の部品を同時に稼動させることができない。「本当に参りました。あれがないと、他の部品のテストができませんでしたから」とエッカートは語っている。モークリーは電気技術者でなかったにもかかわらず、残業をしてその設計や残りの電気作業、ハンダ付けなどを引き受けたのだった。

「ジョンは突然すばらしいアイデアを思いつくと、何週間も夢中になってそれに取り組んでいました。でもそのあとの数週間は、コンピュータに関わる仕事をいっさいせずに、担当する授業などの遅れを取り戻していました」とエッカートはインタビューの中で語っている。

また、モークリーはいつもどこかうわの空なことで知られていた。彼の日記には、エッカートを乗せて車を運転しているうちにガス欠になったので、車を乗り捨てて路面電車に乗り換えた、といったエピソードが綴られている。また、こんなこともあった。自宅の壁紙がはがれているのに気づいた彼は、屋根から漏れてくる水が原因だろうと考えて「これは屋根職人の仕事だな」と言ったという。そして翌日彼が、屋根職人はいつ来るのかと妻に尋ねると、妻は彼が屋根職人に連絡してくれるものと思っていた、と答えた。すると彼は「ぼくがアイデアを出したのだから、なんできみはそれをやらないんだい？」と言ったという。いつだってこの調子だった。モークリーは、アイデアを出すのは好きだが、そのあとの作業は大嫌いなのだ。「なぜぼくらがコンピュータを作っていると思ってるんですか？」とエッカートが冗談に言ったこともあるほどだ。

モークリーが処理できない管理的な仕事を引き受けたのは、ゴールドスタインだった。「生まれながらの管理者」を自認するゴールドスタインは、集団の扱い方をよく心得ていた。また、人あしらいもうまく、エッカートを手伝ってモークリーの衝動的な行動を抑えることもあった。

「モークリーは物理学者でしたから、どんなものでも最短時間で作ることしか考えていませんでした」とゴールドスタインは語っている。「エンジニアは、実際に製品化が可能で、耐久性のあるものを作ります。しかし、それを使うのは一回だけということも多い物理学者の場合、女性のヘアピンであろうがなんだろうが、とにかく手に入るものを使って作ってしまえ、と考えるのです。モークリーはなんでもいいからとにかくマシンを作りたかった。一方、エッカートはマシンを作る上で非常に厳しい基準を設定していた。二人は互いに欠けているところをよく補いあっていましたよ」

しかし、夢想家のモークリーと管理者ゴールドスタインの関係は、それほどスムーズにはいかなかった。「私はエッカートのようにはモークリーとうまくやれませんでした」と、ゴールドスタインはあるインタビューで語っている。「私はどちらかと言うとドラマチックなことを好むタイプなんですが、モークリーはそうじゃありませんでした。また、彼は着実に仕事を進めることはしませんでしたが、私は自分の仕事を着々と進めたかった。彼は大変聡明でいい人間でしたが、まあ、変わり者だったんでしょうね」

実はモークリーは、自分の本当の役割は何なのかと非常に悩んでいた。エッカートのチーフ・エンジニアという肩書きは、誰も文句がつけられないれっきとしたものだ。一方モークリーは、コンサルタントと呼ばれたり、研究技師と呼ばれたりしていたが、そのような肩書きはどう考えても、このアイデアの発案者としての彼の役割にそぐわない。

一九四四年の秋以降、彼の日記には、その不安感と深刻な自己分析がめんめんと綴られている。「最近のエッカートとの会話から考えると、彼はＰＸスタッフ・メンバーとしての私の存在を貴重だと思ってくれているようだ」と彼は書いている。「彼の仕事は目に見えるが、私の仕事は目に見えにくいため、他の者たち（ブレイナードやペンダー）が私の貢献度をきちんとわかっていないことが問題だ、と彼は考えている」

モークリーの給料から判断すると、ＥＮＩＡＣチームでの彼の役割は比較的小さなものだったようにみえる。プロジェクトが立ち上がって一年がたった一九四四年、モークリーはようやくＥＮＩＡＣチームのフルタイム・メンバーとして働くことが許可されたが、その勤務体制の変更に伴い、ムーア・スクールはモークリーの年俸を五八〇〇ドルから三九〇〇ドルへと三分の一カットした。「もちろん、年俸が三分の一カットされたせいで家計が逼迫したことだけでも、大変なショックだった。しかし、私が考え出したプロジェクトなのに私が大して重要ではないといわんばかりのこの減俸は、もっとショックだった」

一九四四年六月、エッカートとモークリーは最初の二台のアキュムレータを完成させ、ＥＮＩＡＣプロジェクトを次の段階へと進めた。モークリーは給料カットを埋め合わせるために、統計作業を行う海軍兵器研究所の非常勤顧問の職を見つけた。この研究所を運営していたのは、モークリーの機械づくり仲間で、三年前、開発中のコンピュータを見ようとモークリーがアイオワに訪ねた、ジョン・V・アタナソフだった。モークリーは、ワシントンにあるアタナソフの研究所で、週に一度働いた。

ペンシルヴェニア大学やアバディーンの担当者たちの間では懸念や不安、虚栄心が渦巻いていたが、プロジェクトの重要性が痛いほどわかっていたプロジェクト・グループの中心人物たちの結束は、固かった。仕事がうまくいかずにイライラがつのると、メンバーたちはENIACをMANIAC（マニアック）と呼んだりもした。もしも今、ENIACの設計図をドイツに渡したら、アメリカの戦争への取り組みは十年後退するだろう、と冗談を言いあったことを、エンジニアのひとり、ハリー・ハスキーはよく覚えている。「私たちは若く、あのプロジェクトに夢中になっていました。これからの戦争計画すべてが私たちの肩にかかっているような気になっていたのです」とゴールドスタインは語っている。「自分たちはすごく特別なことをやっているんだ、と切に感じていました」

第5章
五掛ける一〇〇〇は？

一九四四年二月、最終的な配線図を完成させたENIACチームは、パネルの完成に向けて組み立てを開始した。だがエッカートとモークリーは、すでに次のマシンのことを考え始めていた。二人はENIACの最初の設計における欠点や効率の悪い点に、気づいていたのだ。一方で、戦時プロジェクトが軍の使用に間に合うことを最優先にする以上、そのまま進めるほかないということも承知していた。

エッカートは、さらに進歩したコンピュータについての計画を練りつづけ、一九四四年一月には、より大容量のメモリをもとにした構想を打ち出していた。コンピュータ内にひとつの〝プログラム〟全体を記憶することで、ENIACのスイッチやアキュムレータやケーブルの多くを省くことができるような、マシンである。

何カ月ものあいだ動きをとれずにいた連合軍は、いまやイタリアへと進軍し、フランスに大規模な攻勢をかけるべく準備を進めていた。連合国側は徐々に勝利をおさめていったが、その代償もまた大きかった。当然のことながら、高性能の銃器や新しい射表の必要性も、これまでにないほど差し迫ったものになってきた。ドイツの守りを崩せるものであれば、どんなものでも欲しかったのだ。

連合国軍がノルマンディに上陸し、ドワイト・アイゼンハワー将軍が「形勢は一変した」と宣言したその数日後の六月なかば、フィラデルフィアのエンジニアたちはＥＮＩＡＣの最初のユニットを作動させることに成功した。プロジェクトの開始わずか一年後のことだ。

そのユニットには一千本以上の真空管が使われた二つのアキュムレータがあり、これで装置全体の十五分の一ができあがったことになる。完成したアキュムレータに簡単な問題を入力すると、ユニットは見事にそれを解いた。エッカートとモークリーは、指数関数や放物線、サイン関数が生じる複雑な微分方程式を試みようと、二つのアキュムレータを接続してみたが、やはりマシンはその都度、正確な答えをはじきだした。

「ついにやったぞ！」二人は仲間たちに叫びながら、部屋を走り出た。

エッカートとモークリーは、地階の微分解析機を使って働いていた二人の女性〝コンピュータ〟を得意満面で呼び出すと、彼らだけの秘密となっている、南京錠のかかった一階のカタコンベへと招き入れた。一台のアキュムレータに五を、そしてもう一台のアキュムレータに一〇〇〇を入力すると、二台のアキュムレータは掛け算を実行。そして、マシンは五〇〇〇という数字をはじき出した。

「五に一〇〇〇を掛けるだけのために、これだけの装置がいるなんて本当にびっくりしました」と、この偉業を目撃した女性コンピュータのひとり、キャスリーン・モークリー・アントネリは振り返っている。

しかし他の人々には、この結果が重要な意味をもっていた。電子式コンピュータが実際に機能することを、軍に、科学界に、そしてこの実験に懐疑的な目を向けていたムーア・スクールの人々に証明したのだ。「計算の答えが二〇四個の小さなランプの上に輝くのを、私たちははっきりと見たのです」とエッカートは語っている。「このプロジェクトに発言権をもつ人々に電子式コンピュータの誕生を確信させるには、それだけで十分でした」

残りのユニットの構築が進められていたその夏、ゴールドスタインは必要な物資を探して走りまわった。電子製品の製造に必要な物資は、それこそENIACのキャビネットを作るのに使うスチールさえ、ことごとく軍用にとられてしまっていたからだ。しかしゴールドスタインは疲れを知らない調達の名人で、自分たちが取り組んでいるのは戦時活動における機密プロジェクトだ、という印象を物資供給者たちに与えて、物資を確保してきた。

だが実際には、軍の上層部からの支援をENIACはほとんど受けていなかったのだ。エッカートなど、ENIACプロジェクトにかかりきりになっていたあいだ中、徴兵に抵抗し続けなければならなかった。国家公務員任用委員長と軍需品部長から徴兵免除の公式文書をとりつけるまで、彼は徴兵委員会に六回も呼び出された。

雛を見守る雌鳥のように、エッカートとモークリーはできるだけ毎時間マシンを点検し、ハンダ付けの不良箇所や不良真空管を探し、すべてを完璧にしようと奮闘した。作動する真空管の数が多くなるにつれ、そのかび臭い部屋はどんどん熱がこもるようになり、みなアンダーシャツ姿で働いた。

ある夜、二人のエンジニアがマシンの隣の簡易ベッドで寝ていたエッカートをベッドごと運び出すと、そのままエレベータに乗せて二階に上がり、マシンが置かれている部屋とそっくりの部屋に連れていってしまった。目を覚ましたエッカートは、マシンが「盗まれた」と慌てふためいたが、あとになってようやく事態に気づいたという。

こんなたわいのないいたずらは、メンバーたちがいらだちや挫折を切り抜けるのに、大いに役立った。たとえば、パネルの底の冷却ファンが発火して炎が噴き上がり、あわや大惨事、ということがあったが、幸い損害はそのユニットだけで食い止めることができた。「周辺のユニットには火がまわらずにすみました。もしそんなことになっていたら、手のつけられないことになっていたでしょう」とゴールドスタインは語っている。

八月も遅くなったころ、アイゼンハワー率いる連合国軍はパリを解放し、イギリス軍はブリュッセルを包囲、そしてアメリカ軍はグァムから日本軍を撤退させた。マシンの完成を待たずして、戦争は勝利を迎えるかに見えはじめていた。この展開のおかげでＥＮＩＡＣチームにかかるプレッシャーはいくらか軽くなったが、チームは全力で仕事を進め、獣のように手のおえないこのマシンを作動させる作業員の研修を開始した。

「プログラミングするには最低だったわ」

研修は複雑そのものだった。ややこしい問題は、あらかじめ一連の演算命令に分解する。プログラマーたちは、その問題の流れに沿った順序でユニットを接続し、数字をどこに、いつ保存するかを計画する。たとえば、一二三四五六七という数字に、二三四五六七八を足すのであれば、プログラマーは最初の数字をアキュムレータ一号に、二つ目の数字をアキュムレータ二号に保存し、パルスを加算するようにプログラムされているアキュムレータ二号へその数字を送るように、アキュムレータ一号に命令する。するとアキュムレータ二号は三五八〇二四五を記録する。

その計算に引き算が必要な場合は、一方の数字の正負の記号を逆にしてから、もうひとつのアキュムレータに送信する。五掛ける一〇〇〇といった簡単な掛け算の場合、複数の足し算を実行するようにアキュムレータを設定する。つまり、一〇〇〇を五回合計するのだ。

ENIACは、掛け算や割り算を高速で実行する特殊ユニットも備えていた。高速乗算器は、人間が乗算をするときのやり方と、ほぼ同じしくみになっている。乗算器には乗算表（七掛ける一は七、七掛ける二は十四、七掛ける三は二十一といった表）が内蔵されており、問題を桁ごとの簡単な乗算に分解する。それぞれの結果は同じひとつのアキュムレータへと送られ、そこに最終の積が記録される。十桁の数字二つの掛け算は二・六ミリ秒で完了する。

高速の除算器や平方根ユニットは、引き算や足し算を繰り返して答えを出す。七三八を六で割る場合、まず七から六を引く。残りは一。次にその一から六を引くのだが、結果は負の数字になってしまう。そこでユニットは百の位の残り（すなわち一）を持ち越して十の位へと移る。この十三から六を引くと、残りは七。そこからもう一度六を引くと残りは一、三回目に六を引くと答えは負の数字になる。したがって、十の位には二の数字が記録され、一という数字は再び持ち越される。そして一八からは六を三回引くことができるのをマシンが突き止め、この割り算の答えは一二三となる。十桁の数字の平方根ですら、わずか二十五ミリ秒で解くことができるのだ！

ファンクション・テーブルは、移動できるように車輪が付いた回路パネルで、消火ホースほどもある太いケーブルでさまざまな位置にプラグ接続することができる。これは今日のパーソナル・コンピュータの読取専用メモリと同様のものだ。それぞれのテーブルには値を自由に設定できる七二八のノブがあり、これは〇フィートから五〇フィートまでの各高度の空気密度データをプログラムすることもできれば、定数や数列を設定することもできる。

サイクリング・ユニットは信号の基本的パターン、すなわち一連のパルスを一秒に五千回発信する。そのパルスのひとつには、サイクルを開始するしるしが付けられており、それらパルスは、保存された数字をサイクルの特定の時点で送る、といった特定のアクションを誘発する。すべてのユニットには入力信号を認識するプログラム・コントロール回路があり、それがユニットに何を実行するかを伝える。ＥＮＩＡＣが「おい、おまえ、この数字を使って次のことをしろよ……」と言っているようなものだ。

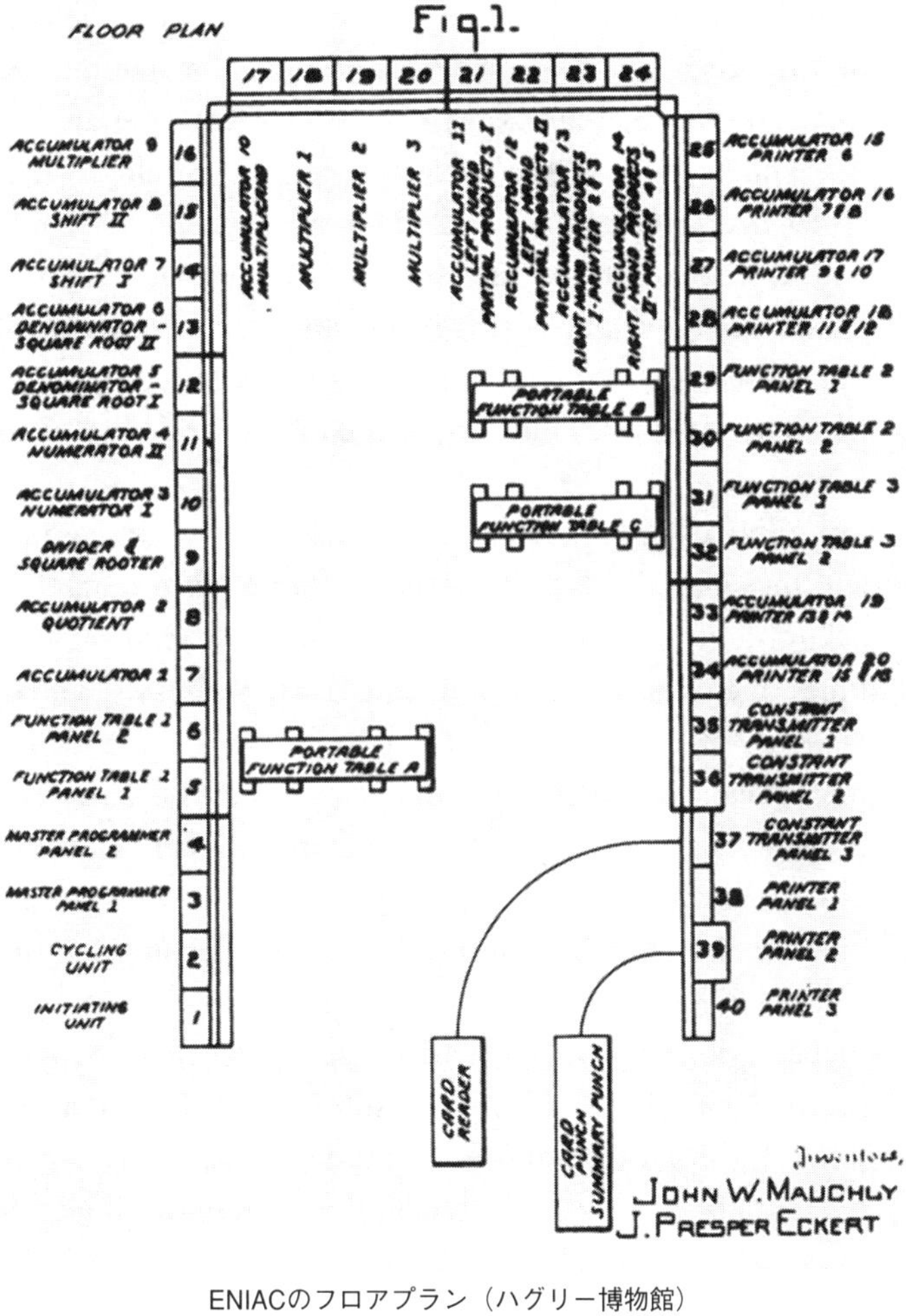

ENIACのフロアプラン（ハグリー博物館）

さらにその回路は、演算を実行するタイミングや、アウトプットをする方法もユニットに伝える。すべてのユニットは同期で作動することになっており、起動も終了も同時に行われる。このすべては、マシンのメトロノームともいえるセントラル・プログラミング・パルスが調整している。基本的に、このパルスはバベッジのプログラム・コントロール・カードと同じで、違うのは電子化されているという点だけだ。

数字は、IBMのパンチカードでロードされるか、ファンクション・テーブルのスイッチに保存されるか、さもなくば計算の過程で作られアキュムレータに保存される。デジット・トレイが一度に送信するのは十桁の数字ひとつだけで、どのユニットもその数字を知ることはできるが、その数字をどのユニットが使うかを告げるのは、プログラム・コントロール回路だ。

オペレータは、数字を並行で処理するように計画することもできるが、その場合はひとつの問題の各部分を別々のアキュムレータの組に処理させる。そして、その並行処理によって引き出された二つ、もしくは三つの結果を、プログラム内の次のサイクルで結合させる。オペレータはまた、二つのアキュムレータを使って十桁の数字二つを処理する代わりに、二十桁の数字ひとつを処理することもできる。

マシンが起動してから何か異常が起きるまでの作動時間は、平均五時間から六時間といったところだ。マシン用のプログラムを準備するには一、二カ月、三千ものスイッチを設定するマシン設定には一日か二日かかり、プログラムのデバッグには一週間かかることもある。

ENIACは図体は大きかったが、きわめて人間的なコンピュータだった。マシンのまわりをうろつくことも、マシンが作動しているのを見ることも、その暖かなボディに寄り添うこともできるのだ。オペレータはマシンの脆弱さと格闘し、マシンがひどく気まぐれであることを知り抜いていた。

「プログラミングするには（ＥＮＩＡＣは）最低だったわ」と初代のプログラマーのひとり、ジーン・バーティクは振り返る。「ファンクション・スイッチの数がすごく少なかったから、プログラムは細切れにしなければならなかったの」

たしかに、プログラム自体はあとからの思いつきだったらしい。軍の度重なる仕様変更のせいで、システムは最初から応急装備だった。エッカートとモークリーがハードウェアの設計者で、数学者や〝ソフトウェア〟の専門家ではなかったことも、災いした。彼らの仕事は数字の計算ができるマシンの提供であり、その数字が実際どのように計算されるかについては、あまり考えていなかったのだ。これは、人間同士の調整よりテクノロジーの方が先行してしまった典型的なケースで、この問題は今日も続いている。いくらエンジニアがしゃれたものを作ることができたとしても、それが必ずしも使いやすいとは限らない。

現代のパソコンソフトのことを思い出して欲しい。マイクロソフトのワープロソフト《Word》のニュー・バージョンには、ワシントン州レドモンドのいささか張り切りすぎのきらいがあるソフトウェア開発者たちが考え出した、よけいな付加機能がしこたま入っている。だがそもそも「ハイパーリンク」や「レター・ウィザード」など、私たちに必要なのだろうか？　そのような機能のおかげで、かえって混乱し、いっそう複雑になってしまうだけではないだろうか？　ＥＮＩＡＣの場合、「これが実際にはどう働くのか」という基本的な問題は、ユーザーに押し付けられてしまった。驚いたことに、実際にマシンを作動させることの方が優先されたのだ。

ENIACをプログラミングした女性たち

何百人もの人間コンピュータの中から、六人の女性たちがENIACに取り組むために選ばれ、彼女たちは史上初のコンピュータ・プログラマーとなった。フランシス・バイラス・スペンス、エリザベス・ジェニングス、ルース・リクターマン・テイテルバウム、キャスリーン・マクナルティ、エリザベス・スナイダー・ホルバートン、そしてマーリン・ウェスコフ・メルツァーの六人だ。このプログラマー部隊は、戦時活動としてフィラデルフィアで弾道射表に取り組むために全国の大学からスカウトされてきた、数学的才能あふれる一団だった。彼女たちは複雑な微分解析機を使いこなし、なかには自分たちの階級を上げようと他の女性たちに数学を教える者もいた。

ENIACのプログラマーたちは、IBMの作表装置について学ぶためにアバディーンに派遣されたが、それ以後はマシンを動作させる方法についての指示をいっさいもらえなかった。これはコンピュータ開発のあいだ中繰り返されたパターンだが、難解なマニュアルひとつもらえなかったのだ。与えられたのはブロック図と配線図、そしてエンジニアたちに質問するチャンスだけで、彼女たちはそ

ENIACをプログラミングするエリザベス・ジェニングスとフランシス・バイラス（ペンシルヴェニア大学 工学・応用科学部、旧称ムーア・スクールの許可による）

れだけを頼りにＥＮＩＡＣに問題をプログラムし、どうすれば正しい解が出るかを考えなければならなかった。

「あんなに刺激的な仕事は、したことがありません」とジーン・バーティクは語る。コンピュータの開発に携わった他の何人かの女性たち同様、彼女もその後プログラミングの世界で名をなすことになる。「エンジニアたちと仕事をするのが、楽しくてたまりませんでした。仕事に行くのも大好きでしたよ。頭を使えば使うほど、仕事が楽しくなるんです」

当然ながら、この女性たちの存在はプロジェクトに大きな影響を与えた。仕事では、彼女たちはマシンを使うためのシステム開発や〝バグ〟のトラブルシューティングに手腕を発揮した。プロジェクトの成功に大きな責任を負っていたにもかかわらず、ずっと事務員として扱われてはいたが、彼女たちは実際にはプログラマーだった。

社交面では、彼女たちの多くがプロジェクトのメンバーたちと結婚した。プロジェクトが進められているあいだに彼らが交際することはよくあったが、それも無理からぬことだった。ムーア・スクール以外での社交生活など、彼らには皆無だったからだ。結局、ＥＮＩＡＣのプロジェクトに選ばれた六人のうち、三人がプロジェクトのエンジニアと結婚した。

プロジェクトの手柄を狙うブレイナード

マシンが完成に近づくにつれ、管理部門内での緊張関係はエスカレートしていった。特にグリスト・ブレイナードは、自分が引きずり込まれたこのとっぴな計画が、どうやらとてつもなく大きなものに化けそうだと気づき、自分の存在を主張する方法を探しはじめた。とは言っても、ＥＮＩＡＣがどのように機能し、チームが何をしようとしているのか、ほとんどわかっていなかった。だが、プロジェクト・ディレクターという肩書きは、彼をこのチームのリーダーのように見せている。ブレイナードは、このプロジェクトを自分の手柄にしようと決意していた。

彼のバックグラウンドを考えると、グリスト・ブレイナードというその名は、まさに彼にうってつけのだった。彼は、闘士であり、ストリートファイターだった。父を三歳のときに亡くした彼は、貧しい家庭で育った。金を稼ぐために、かつてのフィラデルフィアの新聞『ノース・アメリカン』紙に雑用係で入り、テンダーロイン地区の夜勤警官を取材する記者をしながら、自力で大学を卒業したのだ。そんな彼は、自分よりはるかに恵まれた環境で育ったモークリーやエッカートを、ほとんど相手にしていなかった。

「グリスト・ブレイナードは大変内省的な人物なのです」とムーア・スクール教授会役員S・レイド・ウォレンは一九七七年のインタビューで語っている。「彼は人に対して先入観をもってしまいがちで、その先入観を変えることはまずありません。それに彼は〝エキセントリックな人間〟に、あまりうまく対応できないのです。だから、エッカートにもうまく対応できませんでした。それでもエッカートの能力は大変評価していたようです。あとになってからは、エッカートこそがあの開発の真の責任者であり、モークリーはプロジェクトにはあまり関係のない人物だと感じていたと思います。でも私には……二人がお互いを非常にうまく補い合っているように見えましたね」

ブレイナードは、学部長のハロルド・ペンダーから、ＥＮＩＡＣが失敗したらクビだと脅されたと主張していたが、それが本当なら、このプロジェクトに大して興味を見せていなかった物腰の柔らかいペンダーらしからぬ発言だ。それはともかく、一九四四年、ブレイナードはプロジェクトを自分の手柄にしようと動きはじめた。

応用数学委員団と呼ばれる団体は、このプロジェクトについて耳にすると、計算機に関する報告を科学会議に提出するようムーア・スクールに要請した。この要請はブレイナードのもとに届き、彼はENIACのしくみをほとんど理解していなかったにもかかわらず報告書の作成を引き受けた。その動機は明白だ。それが誰であれ、コンピュータ第一号の最初の公式報告書を書いた人物こそが、その発明の功績者とみなされるからだ。どのような科学刊行物でも、たいていの場合、スポットライトは名前が最初に記された人物にあたる。

ブレイナードが報告書を書き始めた八カ月後、エッカートとモークリーは彼が報告書を書いていることを知った。怒り心頭の二人は、いったいどういうつもりか、とブレイナードを問いつめた。ブレイナードは報告書の概略だけは教えたものの、自分のもくろみを話そうとせず、報告書の草案すら見せようとしなかった。

エッカートとモークリーは、大学事務局の管理者であるウォレンに、ブレイナードのこの「秘密めいた」行動について苦情を申し立て、「報告書のテーマとなっている装置はわれわれが考え出したものであり、これについて一番よく知っているのはわれわれであるということから考えても、彼が故意に隠しているとしか思えない」と抗議した。

ウォレンはブレイナードと親しかったが、エッカートとモークリーのために両者の間に入り、報告書は三人で協力して書くようにとブレイナードに命じた（これはムーア・スクール内のもめごとだったため、ゴールドスタインは介入しなかった）。エッカートとモークリーは、ブレイナードが書けなかった報告書の技術的な部分を書き上げた。

しかし、両者の不和はこれでは終わらなかった。一九四五年十月、ブレイナードは、ＭＩＴ主催の学会にモークリーがムーア・スクールを代表して出席するのを阻止しようとした。ブレイナードは、自分とエッカートだけで出席することにしていたが、モークリーが再度抗議し、ようやく彼もこの派遣団に加えられたのだった。

ＥＮＩＡＣの遅すぎる――しかし印象的なデビュー

連合軍の成功にもかかわらず、一九四四年秋の時点では、まだ戦争終結はほど遠かった。攻撃範囲を拡大する技術を手に入れたヒットラーは、九月にロンドンへＶ２ロケット弾を落とした。そして十二月、彼は大規模な反撃に打って出、その反撃はバルジの戦いで頂点を迎える。アメリカの戦車や爆撃機はドイツの大軍を追い返し、連合国軍のドイツへの空爆は熾烈を極めた。英・米の空挺部隊はオランダへと舞い下り、連合軍はアテネを奪還した。そして一九四五年のはじめ、ヨーロッパでの戦争はようやく終わりに近づいたように見えた。

一九四五年二月、フランクリン・ローズベルト大統領、ウィンストン・チャーチル首相、そしてヨセフ・スターリン大元帥のビッグ・スリーはヤルタで会談を行い、戦後の和平計画について話し合った。その二カ月後の四月、ローズベルトはこの世を去り、その十八日後にはヒットラーが自ら命を絶った。五月にはドイツが降伏。八月に原子爆弾が日本の広島と長崎に投下されると、日本も降伏した。

一九四五年秋、戦争が終わったちょうどそのとき、ＥＮＩＡＣもようやく稼動できるところまでこぎつけた。ハードウェアは目的通りに機能し、プログラマーたちはそれを動かす方法を身につけ、その吉報は軍に報告された。当初の目的には間に合わなかったが、のべ二十万人時間の労働力と四八万六八〇四ドル二二セントの経費を費やした末、ＥＮＩＡＣはついに完成したのだ。

軍が手に入れたそれは重さ三〇トンの巨大な怪物で、都会なら三寝室付きアパートにも匹敵するであろう一八〇〇平方フィートのスペースをとる代物だった。そのマシンには、二十台のアキュムレータをはじめとする四十のユニットがあり、Ｕ字形、すなわち両サイドに十六ずつと真ん中に八つ配置されたそれらのユニットは、消防ホースほどもある黒く重いケーブルで結ばれていた。

それは、どのような計算器よりも千倍速く、既存のコンピューティング・マシンの五百倍速い。五千回の加算を一秒で終わらせ、五万人の手作業をやってのけるのだ。ＥＮＩＡＣはひとつの弾道を三十秒で計算することができたが、これは卓上計算機器なら二十時間、微分解析機でも十五分かかる作業だった（今日のスーパーコンピュータなら、この作業は三マイクロ秒で終わってしまう）。

ＥＮＩＡＣの稼動には、大型の放送局が消費する電力に匹敵する、一七四キロワットが必要だった。コンピュータが稼動していないときでさえ、一時間に六五〇ドルの電気代がかかる。真空管内のフィラメントを暖め、ファンも稼動させておかなければならないからだ。最終的には、一万七四六八本の真空管と五〇万カ所のハンダ接続、七万台の抵抗器、そして一万台のコンデンサが使われたが、今日

左から：ホーマー・スペンス、プレス・エッカート、ジョン・モークリー、エリザベス・ジェニングス、ハーマン・ゴールドスタイン中尉、ルース・リクターマン（ペンシルヴェニア大学 工学・応用化学部、旧称ムーア・スクールの許可による）

ならこの回路は衿留めのピンに付けられるほど小型の集積回路に凝縮できる。ＥＮＩＡＣは配線でつながれた大量の《パスカライン》がその中核となっており、ブッシュの微分解析機やバベッジの解析機関といった、それまでのマシンの電子的子孫というわけではなかった。

しかし、ＥＮＩＡＣには知性《インテリジェンス》があった。データに対応する能力があり、プログラムをすることができた。史上初の完全な電子式知能だったのだ。電気は〝考える〟ために利用できるのだ。

戦争が終わって射表の必要がなくなると、軍は何かもっと大きな問題を使ってこの新しいおもちゃを試してみたいと考えた。そして、依然として緊急を要していた核兵器の問題に、ＥＮＩＡＣを使えるのではないかと考えた。最初の試験では、現在でもいまだに機密事項となっているある問題をＥＮＩＡＣで解くために、マンハッタン・プロジェクトの物理学者、ニコラス・メトロポリスとスタンリー・フランケルが招聘された。その問題は、水素爆弾構築の可能性に関係したものだったと言われている。

日本に投下された原子爆弾を作ったロスアラモスの研究者たちは、このとき水素爆弾を研究していた（これは、今日の熱核兵器の基礎となっている）。ジョン・フォン・ノイマン同様、ハンガリー系の中流ユダヤ人家庭に育ち、科学の世界で頭角を現した理論派のエドワード・テラーが開発した水素爆弾は、原子爆弾の爆発エネルギーを利用して所定料の重水素とトリチウム（二つの水素同位元素）を熱し、熱核反応を生じさせる、というものだ。

しかし原子を分裂させるかわりに融合させる水素爆弾は、原子爆弾の何倍ものエネルギーを放出する。ロスアラモスの科学者たちは、正確な配合をはじき出すために、その反応の内側で何が起こるのかを一千万分の一秒刻みで計算する必要があった。彼らは計算尺や経験に基づいた推定を使って大まかな計算を行ったが、このとき数学者スタニスワフ・ウーラムはテラーの設計に疑問を感じはじめた。そしてＥＮＩＡＣによってテラーの設計では作用しないことがはっきりと証明されると、その結果に基づいてテラーとウーラムは協力して別の設計を考え出したのだった。ロスアラモスが提示したこの問題は、ＥＮＩＡＣの試運転としては、かなりの難題だった。

ロスアラモスのコンピューティング作業を何年ものあいだ指揮していたメトロポリスは、当時のこ

左から：プレス・エッカート、ジョン・グリスト・ブレイナード、サム・フェルトマン、ハーマン・ゴールドスタイン中尉、ジョン・モークリー、ハロルド・ペンダー学部長、G・M・バーンズ大将、ポール・N・ギロン大佐（ハグリー博物館）

とを「まったく驚異の日々だった」と回想している。「私たちは、ENIACが進化した初期段階の話や、今後どのような将来が開けるかについて、よく話していました。（コンピューティングを）学ぶには絶好の機会でした。まったく、貴重な体験でしたよ」と彼は一九八七年のインタビューで語っている。

ロスアラモスから研究者が訪れることによって、ＥＮＩＡＣの警備も見直されることになった。ＥＮＩＡＣが設置されている部屋は常に鍵がかけられ、プロジェクトは機密扱いになっていたが、さらに新たな警備体制がとられるようになった。室内に書類をちらかしておくことはいっさい許されず、メトロポリスやフランケルは、ロスアラモスの書類を常にブリーフケースに入れて携帯するよう求められた。

ある日、エッカートがメトロポリスと連れ立ってダーティー・ドラッグというドラッグストアに出かけたとき、メトロポリスは書類がまるまる入ったブリーフケースをその店に忘れてきてしまった。二人が大急ぎで駆け戻ると、店員はそのブリーフケースをカウンターから出してきて、「お二人さん、もし金目のものが入ってたら、とっくになくなってたところですよ」と言ったという。

軍とペンシルヴェニア大学は一九四六年のはじめまでに、この新開発品を公開する準備を整えた。そこで委員会が結成され、一九四六年二月十四日の完成式と記者会見に向けて、入念な計画が立てられた。これが世界中の新聞の見出しを賑わすことは必至だった。そして凝った問題を使ったデモンストレーションが計画された。例のロスアラモスの研究はデモンストレーションでは使えなかったから、プログラマーたちはＥＮＩＡＣで弾道を計算してみせることになった。

しかし、マシンにデータを入力しても、プログラムはうまく走らなかった。バグがあったのだ。女性たちは問題を突き止めようと昼夜を徹して働いたが、いたずらに苛立ちが募るだけだった。

期限が目前に迫ったそんなある夜、ムーア・スクールの威厳に満ちた学部長ハロルド・ペンダーが紙袋を持って現れた。彼は、「まあ、ちょっとやりたまえ」とプログラマーたちに言うと、そのまま部屋を出ていった。袋の中に入っていたのは一本の酒瓶で、それを見たとたん、彼女たちは堰を切ったかのように笑いだした。

期限まであと数日となったとき、エリザベス・ホルバートンがついに答えを思いついて、真夜中に目を覚ました。ある場所でスイッチがひとつオフになっていたことに気づいたのだ。

完成式では、五分間スピーチをエッカート、ゴールドスタイン、モークリー、ブレイナード、そして軍の兵器研究開発のトップであるグラデオン・バーンズ将軍がすることになり、リハーサルが一九四六年一月三十日に行われた。式典は金に糸目をつけない豪華なもので、ロブスターのクリームスープ、フィレミニヨン、サーモン・ステーキを含む五品料理のコースディナーが用意された。基調演説は、科学アカデミーの会長でマンハッタン・プロジェクト発足の立役者、フランク・ジュウェットが引き受けた。

陸軍省のプレスリリースでは、エッカートのエンジニアリングと設計、モークリーの基本構想と物理学、そしてゴールドスタインの数学と技術連絡担当の功績が称えられた。このとき、モークリーは三十八歳、ゴールドスタインは三十二歳、そしてグループの〝中心人物〟と呼ばれたエッカートは、「まだ二十六歳の若さ」だった。

自分たちが何かとてつもなく大きなものへと歩み出していることを、彼らははっきり意識していた。「当然のことながら、ＥＮＩＡＣの設計者も構築者も、このマシンは科学やエンジニアリングの計算作業に電子を応用する上での大きな一歩ではあるが、同時にこれは最初の一歩でしかない、と考えている」と陸軍省のプレスリリースには記されている。プロジェクト・グループは、将来、より小型かつ高速で融通性に富んだ装置ができることも予言し、「電子を使ったコンピューティングは可能だとの基本原理をＥＮＩＡＣが確立したことは、注目に値する。将来のマシンは、必ずやこの第一号機で得た経験を通して改善され、膨大な量の計算のために進歩が大幅に妨げられている、さまざまな分野での応用方法が発見されていくだろう」と語っている。

常に夢にあふれるモークリーは、この発明の重要性を報道陣に印象づけようと、コンピュータはいつの日かパンの値段を下げ、もしかしたら税金さえも少しは下がるかもしれないと語った。「私たちはコンピュータがもたらすであろうさまざまな効果を思い描いていた」と何年もあとに彼は語っている。

記者たちはこれに大いに感心し、AP通信は「陸軍省は今夜、世界最速の計算機を発表し、このロボットはすべての人々の生活を向上させる数学的方法への道を開いたと語った」と伝えている。

噂はまたたくまに遥か遠くまで広がり、この公開デモンストレーションの数日後にはロシア政府がENIACをペンシルヴェニア大学に注文しようとしてきたが、もちろんその要請は断られた。ENIACは売り物ではないのだ。

数カ月後、ENIACは分解され、レンガ造りのムーア・スクールの壁を壊してあけた穴からアバディーンへと運ばれ、そこで八年間使われた。ENIACは水素爆弾の問題を計算し、戦争が起こったときに死の灰を降らせる計画を立てられるようにロシアの気象パターンを予測し、風洞の設計を助け、もちろん射表の計算もした。初期のミサイル計画にも利用され、核爆弾の砲弾などの特別装置の設計も手伝った。「私たちは、何のためなのかさっぱりわからない計算をたくさんしました」と一九五一年から一九五三年までアバディーンでENIACのチーフ・エンジニアを務めたジョセフ・チャーナウは語る。そして一九五五年、ENIACはついに引退した。

コンピュータ時代は、華々しいスタートを切った。ＥＮＩＡＣは単なるデモンストレーション用のプロジェクトではなく、有用で永続的なツールであり、真に役に立つ機械であることをすぐに証明した。そのうえ、コンピューティングの世界を開くインスピレーションにもなった。ＥＮＩＡＣはエッカートとモークリーの夢を実現し、ＥＮＩＡＣによって多くの人々が自分たちの夢を追い求めはじめたのである。

第6章
結局、誰のマシンだったのか？

正式にベールを脱ぐ以前から、ＥＮＩＡＣは科学界からの注目を集めるようになっていた。しかしそれは、意図的なものでなく偶然からだった。

ＥＮＩＡＣの完成まであと一年と少しを待たなければならなかった一九四四年の夏、アバディーンの鉄道駅ホームで、ゴールドスタインは運命的な邂逅をしている。世界的な数学者ジョン・フォン・ノイマンが、偶然北行きの同じ列車を待っていたのだ。フォン・ノイマンの講義を数回受けたことのあったゴールドスタインは、すぐに彼と認めた。「話をしたことはありませんでした。でも目立ちたがりの私は、この有名人と話すチャンスを逃す手はないと考えたのです」

フォン・ノイマンは、ヨーロッパにおけるヒットラーの支配が強化されたため米国に渡ってきた科学者集団のひとりだった。一九三三年から一九四一年にかけて、三二六人の科学者や学者たちが大西洋を越えて来たのだが、ニールス・ボーア、アルバート・アインシュタイン、スタニスワフ・ウーラム、ユージン・ウィグナーそしてジョン・フォン・ノイマンなど、その中でも最高の頭脳がニュージャージー州のプリンストン大学に集結した。この中から、のちに原子爆弾開発の中心となる人物が多く輩出されるが、フォン・ノイマンもそのひとりに数えられている。

ゴールドスタインの記憶によると、横柄でこそなかったものの、フォン・ノイマンは目下の刺激的な計画、つまり一秒間に三百回の計算をこなすマシン開発の話を持ち出すまで、まるで興味を示さなかったという。「突然彼の様子が変わりました。探していたものを見つけたといった風でした」とゴールドスタインは語っている。

何とも奇異に映るのだが、ENIACは機密扱いのプロジェクトであり、のちに認めているようにゴールドスタインは、ロスアラモスでのさらに重要な戦争プロジェクトにフォン・ノイマンが携わっていたことをまったく知らなかった。にも関わらず彼は、高名な数学者というだけでフォン・ノイマンのような部外者に何の躊躇もなくこのプロジェクトのことを口外しているのだ。

同様に奇異なのは、フォン・ノイマンもまた、ENIACのことをまるで知らなかったということだ。ロスアラモスの代表者であったフォン・ノイマンは、計算機の開発について軍に問い合わせをしたところ、教えられたのは、ハーヴァード大学のエイケンのMark Iと、ベル研究所のスティビッツの研究だけだった。軍部内の誰ひとりとして、ENIACの進展をちらりとでも知らせようと思わなかったのだ。列車駅での偶然の出会いからこのマシンの存在を知ったフォン・ノイマンは、ゴールドスタインの招きを即諾してフィラデルフィアへ赴き、開発中のENIACと対面することになる。

ジョン・フォン・ノイマン
（高等研究所 歴史・社会科学アーカイヴの許可による）

エッカートは、フォン・ノイマンについてこう語っている。「私は大数学者というのにうとくて、フォン・ノイマンの名前も知りませんでした。フォン・ノイマンといっても私には、何の意味もありませんでした。ゴールドスタインがひどく驚いていたのを覚えています」

一九四四年秋の初めての顔合わせで、エッカートはとりわけ挑発的な問題を選んでフォン・ノイマンを試したところ、彼は直ちにそれを解いた。「彼は、われわれの研究をあっという間に理解しました」とエッカートは回想する。フォン・ノイマンは定期的にフィラデルフィアを訪れるようになった。コンピューティングの理論と実践について活発な議論を促し、二台目のマシンの計画を推し進め、このプロジェクトに大きな影響力を及ぼすようになった。

製作者自らも認めるところだが、ＥＮＩＡＣは完成を急ぐあまり可能な個所は規格化された設計を使用している。それぞれの回路はそれぞれ別のグループによって六カ月足らずで設計されたが、それらすべてを同時に動かすことを目的としていたため、どの回路も、それが最も効率的とはいえなかった。ＥＮＩＡＣには三百もの異なるプログラム・コントロールがあったのである。「あとで気づいたのは、製作中もいくらかはその感もあったのですが、私たちが作り上げたマシンは必要以上に複雑なものだったということです。理論的な構造だけでなく、物理的な構造においてもです」とエッカートは一九四六年に行ったある講義で語っている。

ＥＮＩＡＣの難点は、フォン・ノイマンがムーア・スクールと巡り合ったころにはすでに解決されていた。軍がＥＮＩＡＣの公開をにおわせていたとき、次のコンピュータの設計作業がすでに佳境を迎えており、フィラデルフィアにおけるフォン・ノイマンの関心を集めたのも、まさにそこだった。

二台目のコンピュータを設計

エッカートが二台目のマシンの図面を描き始めたのは一九四四年の一月で、フォン・ノイマンが現れるおよそ十カ月前のことだったが、改善の余地は数多く残っていた。

次のコンピュータはＥＮＩＡＣと比べて、もっとシンプルで優美なデザインになり、エッカートが考案した記憶装置を備えることになっていた。マシン内の許容メモリは、ENIACが十桁の数字二十個であったのに対し、十桁数字を二千個記憶することができるものだ。そして機材の量はENIACと比べわずか十分の一。数字がかけめぐる複雑な回路の代わりに、新しいマシンは楽にプログラムできるようひとつの経路を基に作る。コンピュータの小型化、すなわち、できるだけ大きな力をできるだけ小さな装置に収めようという試みが始まり、予期せざる闖入者フォン・ノイマンが、その重要な役割を果たしたのである。

ともに働いているあいだずっと、エッカートはフォン・ノイマンに対して密かに反感を抱いていたが、彼を感心させることもあった。モークリーとエッカートは二台目コンピュータのため、新しい加算用回路の開発に取り組み、ひとつの回路に十本の真空管がいると考えた。抽象的な論理記号を駆使するフォン・ノイマンは、ある会議で、「その加算回路は五本の真空管で足りるさ」と屈託なく言った。エッカートは首を振った。フォン・ノイマンは黒板の前に進み出て、真空管五本の回路を描いた。「それでは動きませんね」とエッカート。フォン・ノイマンの設計に従うと、ひとつの真空管が許容時間内に次の真空管を動かすためのパワーを貯えることができないのだ。フォン・ノイマンは最後には納得したのか、こういった。「きみが正しいようだ。加算には十本の真空管がいる――論理用に五本、あと五本は電子用に」

一九四五年の後半、軍は二代目マシンの追加契約を承認した。マシンはエレクトロニック・ディスクリート・ヴァリアブル・カルキュレータ（Electronic Discrete Variable Calculator：電子離散変数自動計算機）、あるいはＥＤＶＡＣ（エドヴァック）と呼ばれ、その〝プロジェクトＰＹ〟には当初の予算として一〇万五六〇〇ドルが計上された。この契約はしかし、プロジェクト周辺にあった緊張をさらに助長する結果にしかならなかった。

科学者対エンジニア

振り返ってみると、このプロジェクトの青写真には、あらかじめ卑小という文字が組み込まれていたかのようである。ムーア・スクールの責任者グリスト・ブレイナードと、エッカート、モークリーの緊張状態は継続し、そしてまたコンピュータ・チーム内でも新たな分裂のきざしが生まれていた。フォン・ノイマンは論理学者や大文字の「Ｓ」がつく科学者《サイエンティスト》ら「思索派」の筆頭、一方エッカートは、地位の低い技術屋、小文字の「ｅ」のエンジニア集団の監督とみなされていた。モークリーは両者の中間のどこか、フォン・ノイマンと敵対するようなことも、自分をエッカートと同じ名エンジニアに捉えることもなかった。

ＥＮＩＡＣのプロジェクト・チームは、真空管の性質を帯びていた。アイデアは科学者とエンジニアのあいだを行ったり来たり飛び交い、どちらもが主導権を握ろうとし、相手を見下した。そのころはまだ、誰かが明確にプロジェクトを掌握していたというわけではなかった。エッカートはようやく大学院に進んだばかりの、エンジニアのまとめ役にすぎなかったし、フォン・ノイマンは客員の立場にありながら、二台目コンピュータの理論的設計を担当した。ゴールドスタインはフォン・ノイマンの代理人の役を務め、教職の道を捨てずにいたモークリーは、エッカートの配下に甘んじていた。

フォン・ノイマンがその存在を不動のものとするころには、エッカートはモークリー同様に、自分のプロジェクトの蚊帳の外に置かれたように感じていた。エッカートとモークリーの二人はイメージの問題にとらわれていた。それというのも、ひとつには、二人が配線やテスト、構築、修理といった実働作業を多くこなした一方で、ハイレベルの科学者たちはじっと観察していただけだったことがある。つまりこの二人は思索家というより修繕屋と考えられていたのだ。この種の問題は今でもあちこちの研究所内で見受けられるもので、そもそもモークリーが、父親の助言を省みず、エンジニアになることを拒んだのと、同じ問題である。エンジニアリングはクックブックにしたがって料理をするようなもの、正にそれだ。真の天才はマシンの理論、つまり設計を担う人間である。エンジニアより科学者と呼ばれるのを好んだモークリーはのちに、自分とエッカートは最初から理論的な設計に関わっていたと主張している。大物が現れて見過ごされてしまっただけだというのだ。

フォン・ノイマンの信奉者となったゴールドスタインは、コンピューティングの歴史に関する自著の中で、モークリーを称えることはほとんどしていないが、エッカートの工学技術は手放しで称賛している。ゴールドスタインの目から見ると、二人はともに技術者であった。

「エッカートと私が技術屋で、片や論理を考える人間と一種のスーパーマンとがいるといった分裂状態にあった。だから、私たちは上の方の政治にも戦略にも全然タッチしていなかった。はっきりした仕事の分担のようなものもなく、誰が何の責任で、誰に何ができるかということもはっきりしなくなったんだ」とモークリーは一九七三年のスミソニアン協会でのインタービューで答えている。

内輪もめの結果、エッカートとモークリーは自分たちが発明した機械を自由にできなくなっていった。ＥＮＩＡＣはエッカートとモークリーの作品としてではなく、各種の才能が詰まった巨大な科学的才能のるつぼが創り出したものになってしまった。そして二号機ＥＤＶＡＣは、フォン・ノイマンが作ったものになろうとしていた。実際には二号機の改良点の多くはノイマンがムーア・スクールに来る前にでき上がっていたのだが。

ノーマン・マクレーのような伝記作家によれば、フォン・ノイマンという人は他人の良い考えを掴み、形を整え、発展させることが実に巧みな人だということだ。その結果、コンセプトはたいてい初めのものより一段と優れ、正確になる。実際にムーア・スクールでのフォン・ノイマンの役目は、さまざまな考えを一貫性ある仮説として具体化させ、設計に明快なラベルを貼ることだった。一九七六年のインタビューの際、モークリーはこう回想している。「エッカートたちがＥＤＶＡＣのメモリをさらに詳しいものに改良すると、フォン・ノイマンは『メモリの序列』と呼び始めた。『序列』という言葉はフォン・ノイマンが与えたものだが、コンセプト自体はわれわれが彼に与えたものだ」。

フォン・ノイマンは天性の講義名人で、ペンシルヴェニア大学にいたときは、プロジェクト関係者を教室に集め黒板に向かって議論した。彼はゆっくり行ったり来たりしながら、考え、じっと見つめ、明言した。彼は恐れられていた。「忘れもしません。あの日みながフォン・ノイマンの言うことを『正しい』と認めるのに、私だけ『ちがう』と言ったんです。私はみんなからバカだなという目つきでにらまれました。一方、フォン・ノイマンは首をかしげて少々考え、笑ったと思ったら、自分の誤りだと言って話を先に進めたのです」ジーン・バーティクは、EDVACの設計会議が済んでからの彼との出会いを、こう回想している。

エッカートはおもしろいことに、ある面ではフォン・ノイマンによく似ている。二人ともアイデアを掴むのが早い。相手の言葉を最後まで待てない。しゃべりながら考えるし、思考中のアイデアと概念をピンボール・マシンの中のボールを前へ後ろへところがすように考えるのだ（ピンボールは実際にエッカートの好きな遊びだ）。

「フォン・ノイマンと（エドワード）テラー（水爆の父である高名な理論物理学者）には、共通する性格があります。たとえば、彼らに何かを話そうとしているとする。彼らはそれがわかると、話を途中でさえぎり止めてしまいます。二人とも、そういうことをするんです。私の知っている人間の中ではいちばん多い。私にもそういうところはありますが」とエッカートは一九八〇年のインタビューで思い出している。

一九四五年の初めころ、フォン・ノイマンはEDVACの考え方を論文にまとめておこうと決めた。

彼はみずからの計算で設計を練り直した爆縮プルトニウム爆弾の仕上げ作業が終わろうとしているあいだ、長期間ロスアラモスに呼び返されていた（この爆縮爆弾は〝太っちょ《ファットマン》〟と呼ばれ、通常の爆薬を使ってプルトニウムの核に圧力を加えた）。マンハッタン計画ではトリニティ実験（ニューメキシコ州の砂漠での爆破実験）の準備のために懸命な作業が行われていた。結局、フォン・ノイマンはロスアラモスにいる間にＥＤＶＡＣの設計と構造を書き出しており、これをゴールドスタインに送って編集とタイプを任せたのである。

草稿《ファースト・ドラフト》――決定的文書

一九四五年六月三十日、ゴールドスタインのタイプライターは「ＥＤＶＡＣに関する報告書――草稿　ジョン・フォン・ノイマン著」というタイトルの一〇一ページの報告書を打ち上げた。これはコンピュータの構造を人間の頭脳にたとえ、回路を〝ニューロン〟として説明した格調高い文書である（エッカートはフォン・ノイマンが工学というものを単純化しすぎていると言う）。

この『草稿』は、しかし、概念論文であるにとどまらない。本質的には内蔵されたメモリにプログラムを保存することができ、超高速で計算が可能なコンピュータを製造するための青写真だった。ただし、工学上の細部については足りないところもある。フォン・ノイマンだけが唯一の著者であると

郵 便 は が き

料金受取人払

荏原局承認

133

差出有効期間
2003年7月31
日まで
郵便切手はい
りません。

142-8790

東京都品川区平塚1-7-7
MYビル

パーソナルメディア株式会社
行

ご 住 所 □ご 自 宅 □勤 務 先	〒 ☎ ( )			
フリガナ			男・女	
お 名 前			年齢 歳	
E-mail				
勤務先／学校名				
職 種	1研究・開発 2営業・販売 3情報処理・EDP 4設計・デザイン 5企画・調査 6経営・社業全般 7生産・工事 8広報・宣伝 9教育関係 10事務一般 11学生 12その他			
お買い上げ店	所在地		店 名	

エニアック

本書をお買い上げいただきましてありがとうございます。今後の資料とさせていただきますのでご協力をお願いいたします。

●本書を何でお知りになりましたか？

□新聞広告で（新聞名　　　　　　　　　）　□雑誌広告で（雑誌名　　　　　　　　　）
□書店でみて　□その他（　　　　　　　　　）

●現在よくお読みになっている新聞・雑誌をお聞かせください。

●コンピュータについてお聞かせください。

①コンピュータをお使いですか。

□勤務先で（機種名　　　　　　　　　）
□自宅で　（機種名　　　　　　　　　）
□使っていない

②お使いのソフトウェア

●本書について次の中から選んで印を付けてください。

	良い	←		→	悪い		良い	←		→	悪い
①内　容	5	4	3	2	1	④見やすさ	5	4	3	2	1
②価　格	5	4	3	2	1	⑤表　紙	5	4	3	2	1
③文　章	5	4	3	2	1	⑥総合評価	5	4	3	2	1

●本書に対するご意見・ご感想をお聞かせください。

●今後どのような出版物を望まれますか。

されたのは、ゴールドスタインによれば、この報告者が草稿だったからである。

エッカートとモークリーは、この報告書が作業に関する内部的な総括を目的とするものだったので、著者については特に気にしなかった。報告書はフォン・ノイマンによって書かれ、ＥＤＶＡＣの製造作業が論理的にすっきりしたものになっていた。

「謄写版で印刷されたこの報告書の作成など、徹頭徹尾ゴールドスタイン的なやり方だ。ただもうフォン・ノイマンの名前だけを出そうしたんだ」とのちにモークリーは回顧している。

実際に、学部管理責任者ウォレンは一九四七年のメモに「（ゴールドスタインから）これをＰＹのスタッフとフォン・ノイマン博士用にだけということで、ムーア・スクールの中で謄写版で印刷できるかと尋ねられた。……私の記憶では、私がゴールドスタイン博士にこれは極秘ですかと尋ねると、ＥＤＶＡＣのグループ作業用に使用するだけだし、正式な報告書ではないから、極秘の指定はいらないと言った」と書いている。

フォン・ノイマンは一カ所だけモークリーの功績としているが、他にはプロジェクト関係者の名前にはひとつも言及していない。彼は、アイデアのあるものについては、ハーバードのハワード・エイケンのようなプロジェクト外部の学者の功績を挙げている。「まったく誉められたものではないね。ほかのすべてのアイデアの発案者は誰だということなのだろうか」とモークリーは言う。それほど重要でない部分以外にも、プログラム内蔵というコンセプトのようなコンピュータ設計の中核部分でさえ、誰がどんなアイデアを思いついたかということに触れようともしていないのだ。

エッカートはこのプログラム内蔵コンセプトについて、一九四四年二月付の三ページのメモではっきり述べており、それにはモークリーのサインもある。日付はフォン・ノイマンが現れるよりずっと前のことだ。エッカートはENIACの前にレーダー・プロジェクトでやった設計にならい、電子パルスを保存できるシステムを解説していた。彼が構想した装置は、女性たちがENIACでやっていた難しくて機械的なプログラミングの多くに代われるものだった。機械をプログラム化するためにプラグでコードに接続し、スイッチをまわすかわりに命令はメモリ中で電子的に保存される。その装置で計算がさらに速く簡単になり、それはコンピュータの設計上画期的な突破口となった。一九四四年九月ころフォン・ノイマンが参加し始めたとき、エッカートはプリンストンの数学者にレーダー装置のアイデアを詳しく説明していた。しかし、フォン・ノイマンの文書を読む者には、フォン・ノイマンの功績に見えるのだ。

次に起こったことは、間違いなくコンピュータ開発の方向性を変え、また、知的確執を燃え上がらせることにもなって、今日まで延々と続いている。

ゴールドスタインは、報告書は内部文書で極秘ではないとしながらも、イギリスを含めフォン・ノイマンの研究者仲間に二十四部送付した。もっと送ってほしいという依頼が届き始めたので、またたく間に数百部が出回った。

エッカートとモークリーは、自分たちのアイデアさえどうすることもできなくなったと感じ、ゴールドスタインが謄写版で印刷してから三カ月後に、あわてて独自の報告書を作成した。その報告書は軍と契約を交わす前に書かれたのだが、二人は草稿を『EDVACの進捗状況報告』とした。

報告書の出来はフォン・ノイマンのものとは比べものにならないが、骨折って二人のアイデアであることを主張している。たとえば「一九四四年初めころエッカートとモークリーによる音響遅延線メモリ装置は、比較的少ない装置で高速の記憶能力をつくり出す方法を編み出した。こうして遅延線を〝内蔵メモリ〟に使用し、自動電子計算機が考案された」とある。

報告書では、著者がフォン・ノイマンの功績とすべきと考えるところは、そのようにされていた。「(フォン・ノイマンは) 幸い相談に応じてくれた。彼はEDVACの論理制御の議論を尽くしてきたし、いくつかの問題に限って一定の命令コードを提案していた。フォン・ノイマン博士は準備報告書も書き、その中では、これまでの議論が概括されていた。彼の報告書では、エッカートとモークリーが提案した物理構造・装置は、議論中の論理的考察から注意をそらしかねない工学上の問題を惹起しないように、理想的と考えられる原理と取り換えられている」

だが、この報告書はほとんど注目を浴びなかった。フォン・ノイマンの概要とはちがい、エッカートとモークリーの報告書には〝極秘〟が押印され、配布禁止となった。極秘文書に該当するか否かを決める担当官は誰か。ゴールドスタインである。

「ことの影響は重大でした。ジョンと私の報告書は軍の極秘下に置かれ、公表できなくなったということなのです」エッカートは一九八〇年のインタビューで述べている。

そのとおりだったが、エッカートとモークリーは、生涯を通じてめったに自分の仕事について書いたことがなく、何度も他人に出し抜かれる憂き目を見た。ウォレンは「彼らは辛抱強く書くことができなかったのです」と述べている。

ゴールドスタインは、のちに『草稿』には行き過ぎがあったと認めている。彼は、レーダーの遅延線を記憶装置に使う〝素案〟はエッカートのものだとしつつも、仕上げたのはフォン・ノイマンだと述べている。「全部が全部彼（フォン・ノイマン）のものだとは言いませんが、肝心なところはそうです」と主張は変えていない。フォン・ノイマンはそれさえも認めたことはない。

フォン・ノイマン自身、自分がプログラム内蔵コンセプトの父であり、したがって、計算機様式の発案者だと主張したことはない、と言う者が多いが、彼はすべてが自分の発案だと考えるのは誤りだと打ち消したこともなかった。フォン・ノイマンは一九五七年に没した。計算機のみならず、各界の長や将官などに信頼の厚い相談相手として多大な功績のあった、科学の英雄だった。議論の余地があるのを知りながら、『草稿』のアイデアのすべてが自分のものではないと公に認めたことは一度もなかった。

結局、『草稿』の配布はフォン・ノイマンとゴールドスタインの望みどおり熱狂的な結果を生んだ。偉大なる科学の効用はアイデアをできるだけ広くまき散らすことで報いられると、フォン・ノイマンは信じていた。研究者の見方も、彼が電子計算機の青写真を大学で使用できるようにしたのは気高く正しい戦略であり、科学を進歩させると同時に、新しい分野を営利のために独占されることがないようにしたのだ、というものだった。

戦略は功を奏した。一〇一ページの青写真に基づき、世界中の大学でコンピュータがつくられた。文書にはフォン・ノイマンの名前しかないので、《プログラム内蔵型》のコンセプトは彼のものとなった。計算機を製作した者はフォン・ノイマンに感謝し、たびたび『草稿』報告書が引用された。新聞には、新型計算機は偉大なるジョン・フォン・ノイマンの業績に基づいている、という記事がよく載った。フォン・ノイマンはコンピュータを広く世に知らしめ、モークリーでさえ、彼が唱えたことで学問的な研究が活発になり、研究機関も研究費を得やすくなって自動計算機の「アイデアを進める大きい力」になったと述べている。

結局、コンピュータの設計思想――現在でも多く使われている設計思想――は「フォン・ノイマン型」として知られるようになった。フォン・ノイマンは晩年コンピュータ科学に多大な貢献をなし、しばしばプログラム内蔵方式の元祖とも、コンピュータの父にほかならないとも自称した。この呼び方が妥当かどうかは別として、そういう呼び方は明らかにゴールドスタインが特に「計算および計算機について書かれた最も重要な文書である」と力説する『草稿』がもとになっている。

「EDVACの報告書を公にしたことは、フォン・ノイマンにとっても私にとっても良いことだったが、エッカートとモークリーとの親しい関係は壊れてしまった」とゴールドスタインは素っ気なく述べている。

『草稿』を受け取り、それでEDSACという計算機をつくったイギリスにおけるコンピュータ開発のパイオニアであるモーリス・ウィルクスによれば、フォン・ノイマンは科学の奨励に尽くしたのであるからその名声にふさわしいという。彼は、論理設計として知られるようになったこととプログラム内蔵方式にある可能性の真価を「直ちに認めました。彼の絶大なる威信と影響力を行使したことは重要です。新しい考え方というものは、ある人間にとっては革新的すぎることでもあるからです」と言う。

しかしフォン・ノイマンの多くの行動は、高潔の誉れに価するようには見えない。明らかにコンピュータの誕生の栄誉を求める計算された行動である。一九四六年一月十二日、予定されたＥＮＩＡＣの公開より一カ月以上も前に、ムーア・スクールのチームは『ニューヨーク・タイムズ』の一面に載ったフォン・ノイマンの記事を読んだ。電子による計算が可能な新種の機械を彼が提案しているとなっていた。そして、フォン・ノイマンは、ペンシルヴェニア大学の素朴で熱狂的な連中と会ったとき以上にコンピュータに興味をいだいた、ＲＣＡのズウォリキン博士と共同研究すると書いていた。フォン・ノイマンはズウォリキンと綿密に連絡し合い、実際に二人で計算機をつくろうと話をしていたのである。

ＲＣＡの広報担当者が『タイムズ』にあっと驚く新種の機械のことを洩らしたのだが、同紙はその機械が米気象台用にフォン・ノイマンとズウォリキンにより開発されるかもしれないと報じた。モークリーはかんかんに怒り、記事の情報源を問いただそうと汽車でニューヨークに行き、『タイムズ』に乗り込んだところ、名前を伏せた役人だと言うことしかわからなかった。その足でワシントンへ赴き、ついにそこで、記事はＲＣＡの広報室から出たことを突きとめた。それが明らかになったのでモークリーの不安は吹きとんだ。記事の重要性をかぎつけた者はいなかった。『タイムズ』さえもである、記事はその日のうちに葬り去られた。

エッカートとモークリーの友人や家族によれば、二人は『草稿』を配ったことでフォン・ノイマン――あるいはゴールドスタインかもしれない――を決して許さなかった。エッカートはのちにフォン・ノイマンをアイデア泥棒と呼んでいる。「彼は二枚舌を使います。言うこととすることが別なのです。信用がおけません」とエッカートは述べている。「初めのうちは故意に（アイデアを盗んだの）ではなかったかもしれませんが、故意にそれを続けたのは確かです。私は彼に対して汚いことはしていない。だから、なぜ私にそんなことをしたのかわからないのです」と。

一九九一年の日本での講演で、エッカートは四十年以上が経った今でも苦い思いをしていることを明らかにした。「私たちは確かにジョン・フォン・ノイマンに裏切られたと思っています。彼は〝フォン・ノイマン型〟と呼ばれる私のアイデアを、どこかで得ることに成功したのです」とエッカートは述べた。

モークリーはもう少し明るいが、同じくらい手厳しい。「彼（フォン・ノイマン）は与えられる評判はなんでも自分のものにした」と言い、時には、すべては「マシュー効果」（発明・発見はその時点でいちばん有名な人物のものになるという説）だと言った。しかも、ＥＤＶＡＣがフォン・ノイマンの功績だとされるばかりか、一九八五年のコンピュータの歴史の本には、なんとフォン・ノイマンがＥＮＩＡＣの設計上の重要人物だったとされているのである。

ムーア・スクールのほかの関係者は、エッカートとモークリーの言うとおりだと思ったが、フォン・ノイマンに逆らうことは気が引けたのである。S・レイド・ウォレンはEDVACの監督をやめたムーア・スクール教授だが、勇気がなかったことを認めている。「私も尊敬しているこの偉大な天才は、たしかに私たちを裏切ったと思われます。ですが、こう言っても証明することはできません。彼がまったく事実関係を考慮せずにこういうことをするほど無邪気なら、考えていたよりも単純な人間なのでしょう」とウォレンは一九七七年に、コンピュータの歴史を研究しているナンシー・スターンとの会見で述べている。ミネアポリスのチャールズ・バベッジ研究所に保管されている記録だ。「十分眠って夜間に目が覚めるようなとき、そのことが頭に浮かんできて、私のせいだと思うことがあります。ですが、私に何ができたでしょう。……彼の前に進み出て『なぜエッカートとモークリーの名前を表に出さないのだ』などと言う勇気は、とてもありませんでした。……彼を信頼していましたから。それが間違いだったとすれば、間違いでした」

現在でも、昔のムーア・スクールの仲間はエッカートを弁護する。「私の知る限り、エッカートが水銀遅延線を使ったプログラム内蔵型を考えついたのです。彼はそれをレーダーの動く標的用の表示器のために開発しました。フォン・ノイマンが来る前のことです」とジャック・デイヴィスは述べている。チームの一員でもあったエッカートの級友、ブラド・シェパードも「フォン・ノイマンは私たちがやっていたことに何の影響もしませんでした」と述べている。

事実をはっきりさせようという試みも、あるにはあった。一九八〇年、ニコラス・メトロポリスは、ロスアラモスでのフォン・ノイマンの友人と共著した、計算機史学会会誌の論文の中で「プログラム内蔵コンセプトはフォン・ノイマンがＥＤＶＡＣの設計に加わる以前のものであることは明らかである。この基本的概念がフォン・ノイマンの功績とされたのは、彼がプログラム内蔵コンセプトを含めＥＤＶＡＣの設計の初期作業を概括した、予備報告書を書いたことからだろう。フォン・ノイマンはこの概念の〝開発〟に十分貢献したが、発明者であるとしたことは歴史的な誤りである」と述べている。

また、一九九六年、マーティン・キャンベルケリーとウィリアム・アスプレイは、その著『コンピュータ』で、《フォン・ノイマン型》という用語の使用は「共同発明者にとって公正さを欠くものだ」との結論を下している。

フォン・ノイマンは、ムーア・スクールにおいてそのアイデアを社会のためのものに発展させた科学者だったのか？　それとも単に、自分の名声を高めるチャンスをものにしただけだったのか？　これらの疑問にはっきり答えられるのはフォン・ノイマンだけだが、彼は沈黙を通した。

フォン・ノイマンは、エッカートのアイデアを横取りしただけなのに成果をひとり占めした、と言う伝記作家もいる。『草稿』の重要な箇所の多くは工学的な構造であるが、それらはフォン・ノイマンの専門知識外だった。フォン・ノイマンが電子パルスを操作するためのよりよい接続方法を考え出したとは、どうしても考えにくい。たしかにジョン・フォン・ノイマンは、科学界に偉大な功績を残した。ただし、他人のアイデアで名声を得ることは、作為であれ不作為であれ、彼の偉大さを損ねるものだろう。

特許権争い

ＥＮＩＡＣが一九四六年のバレンタインの日に公開され、また、記者会見の場でＥＤＶＡＣのことが言及されたのに、エッカートもモークリーも発明の特許を申請していなかった。特許権のことを見落としていたわけではない。ムーア・スクールでは二年前の一九四四年から特許の作業を進めてきており、一九四四年八月三十日には特許についてワシントンで会議を開いていた。

手はずは簡単だった。軍の契約書は契約者——ペンシルヴェニア大学——に発明に関する特許申請権を与えたが、政府はいかなる目的であれ、変更も排除もされず、特許権使用料を払わずにコンピュータを製造し、使用しおよび売却する権利を得た。エッカートとモークリーはムーア・スクールと取引を二分し、ＥＮＩＡＣプロジェクトから特許をとれる技術が出てくる場合にはムーア・スクールが特許を申請できる、とした。取引の一部として、ペンシルヴェニア大学など教育機関は、非営利を目的にコンピュータを製造し、使用する許可が認められることになった。さらに、エッカートとモークリーは、プロジェクト・チームのひとりひとりに特許がほしいと思っている発明があるかどうか、すでに照会していた。エッカートとモークリーの創作であるシステム全般のほかには、実質的には何もなかった。

一九四六年の早いころ、ポール・Ｎ・ギロン大佐はムーア・スクールに対し、軍の秘密指定がまもなく解除されるだろうと書簡で知らせた。「ＥＮＩＡＣ関係で発明者がいれば、また、ＥＮＩＡＣ関連で特許申請を考えているものがあれば、そうなることを関係者に知らせるようにとの示唆があった」とギロン大佐は言った。書簡はモークリーに回覧された。しかし、ムーア・スクールでは、二年前に学長がエッカートとモークリー宛てに特許申請への白紙委任状を与える旨の書簡を書き、特許権には関与しないとしたことを、撤回していた。大学側は、ENIACは大学との戦時契約に基づき開発されたものであり、エッカートとモークリーは公のプロジェクトを不当に商業化しようとしていると、言い始めていたのだ。

この白々しさが、すべての問題の火種になった。エッカートとモークリーは弁護士に忠告され、EDVACのことを話し合うために、一九四六年一月プリンストンで予定されていたRCAとの会議をキャンセルした。コンピュータのアイデアをフォン・ノイマンとズウォリキンの功績だとした『ニューヨーク・タイムズ』の記事より、少し前のことである。

では、ゴールドスタインはどうか。彼にも正当な請求権があったのだろうか。彼はあると考えて特許権申請に名を連ねたかった。ゴールドスタインは陸軍省のプレス・リリースを書き、ENIACはエッカート、モークリー、ゴールドスタインの三名により開発されたと述べた。だが、モークリーは、そのプレス・リリースに手を入れていてゴールドスタインの名前が目にとまり、二人の名前で出した特許申請が危うくならなければいいがと思った。このときはまだ『草稿』の被害の全体像が明らかになっておらず、ひびが入らないうちだったが、ゴールドスタインと二人の順調だった関係は一変した。「だいたい、ハーマンという人間は人が悪い」とエッカートは一九八〇年のインタビューで述べている。

事実、陸軍省のプレス・リリースは最大の痛手だった。一九四六年一月二十日日曜日のモークリーの日記には、出だしから「以下が列挙されていた。兵站業務部、フォン・ノイマン博士、高等研究所、ズヴォリキン博士、RCA。ムーア・スクールやプレスや私やハーマンの名前が出てくるのは、三ページ目以降になってやっとだ。これこそまさに悪いことの始まりだった」とある。

ENIACの公開とEDVACの製造に関心が二分されたところに、新たな問題が浮上した。エッカートとモークリー宛ての学長書簡は、ENIACの特許に関することだけだった。そこへ、戦争に行っていたペンシルヴェニア大教授アーヴェン・トラヴィスが大学に戻り、新しい研究監督になったのだが、彼はエッカートとモークリーに対し、将来の計算機についてはペンシルヴェニア大学に特許権を譲渡するとの大学側の特許契約に署名せよと申し渡した。「大学をクビになりたくないなら特許権を大学へ引き渡すように」とトラヴィスは会議で明言した。

こんな方針は、ENIACは別としても、過去の慣例より一段と厳しい条件だった。ムーア・スクールの学部の中には、大学で研究しその成果を商業化するために会社と提携している者たちがいた。多くの大学では特許に寛大で、研究者に発明や革新を奨励していていた。だがトラヴィスは、徴兵される前、大学のコンピュータ・プロジェクトにわずかしか関わっていなかったし、モークリーが自分の後任になってから、自分は晴れがましい場に居合わすことができなかったと感じていたので、強硬路線をしいたのだった。

こうしたもめ事を、ただの個人のぶつかり合いととる者もいた。ムーア・スクールに関しては、エッカートもモークリーも外様だった。他大学の卒業生よりも母校の卒業生を採用するとされた大学では、モークリーは流れ者だった。また、ジャック・デイヴィスのように、エッカートのペンシルヴェニア大の同期生らは、卒業と同時に採用されたが、大学の首脳部はエッカートの処遇に困っていた。エッカートもモークリーも、教職員たちの集団にはなじまなかった。彼らは変わり者たちだったのだ。コンピュータ第一号を造ろうが造るまいが。

「エッカートがのさばりすぎていて、首脳部の力が及ばなかったという感じでしたね」当時はまだ大学院生だったデイヴィスは言う。

大学側は、二人は科学の追究に献身するより営利の方に関心があるだけだ、という姿勢で臨んだ。エッカートは軍を通じて大学に圧力をかけようとし、一九四六年三月二十一日ギロン大佐宛てに、自分とモークリーが大学にＥＮＩＡＣと同様の特許扱いにしてもらえるよう取り計らってもらえなければ、ＥＤＶＡＣ計画から離れるとの書簡を書いた。大学側が新たな規則を課そうとしていると訴えたのだ。

翌日、ペンダー学部長は二人に三つの要求から成る最後通牒を発した。その日の午後五時までに回答を求めた。大学に残るつもりならば、二人は今後は特許のことを考えず、「研究は第一義的にはペンシルヴェニア大学のために行うこと。また、大学に雇用されているあいだは個人的な営利よりも大学の利益を優先させること」となっていた。

ペンダー学部長の最後通牒を受け取った後、エッカートとモークリーは大学を辞めたが、それは輝かしく堂々としたＥＮＩＡＣの発表から、わずか五週間後のことだった。二人ともトラヴィスに辞めさせられたと言ったが、本人も基本的にはそれを否定していない。ペンシルヴェニア大学はプリンストン大学と協力してＥＤＶＡＣを開発し、エッカートとモークリーの下で働いていたエンジニアの何人かが代理役に指名された。それでも、プロジェクトの進捗は大幅に遅れ、重大な問題にぶつかった。フォン・ノイマンの報告書の知識を基にしたモーリス・ウィルクスのＥＤＳＡＣの方が先に完成し、世界初の《プログラム内蔵型》コンピュータとして名のりを上げたのだ。ペンシルヴェニア大学でもＥＤＶＡＣが完成したが、これが大学にとっては最後のコンピュータ・プロジェクトとなった。一九四九年、コンピュータ開発は終わりを告げた。

学部に残ったウォレンによれば、その後あの特許に関する方針は「真正直にすぎました。われわれは人を助けるために苦心したのではありませんが、総じて『やろうじゃないか。人類のためにもなるし』という態度でした。……だから特許権という観点からは、彼ら（エッカートとモークリー）はとても分が悪かったのです」

ＥＮＩＡＣチームのひとりだったアーサー・バークスは、プロジェクトの一員でムーア・スクールの常勤だった人間は皆無であり、大学側がセンターやプログラムの設立に動くこともなかった、と述べたことがある。大きな誤算だった。ペンシルヴェニア大学はコンピュータ産業初期の中心地になれたかもしれなかったのだ。ペンシルヴェニア大学はＭＩＴにもハーバードにも大きく水をあけていた。

両校とも、何年もデジタル方式よりアナログに執着していたからだ。フィラデルフィアは、ボストンのように巨大な高水準の雇用基地をもつ科学技術の中心地になれたかもしれなかったのである。

「二人（エッカートとモークリー）がいてくれたら違っていたかもしれないでしょう。大学がもっと積極的にこの分野の開発に乗り出すべきだったというのは、まったくそのとおりです」と長年ムーア・スクールにとどまった同校出身者、ラルフ・シャワーズは述べている。

ゴールドスタインによれば、大学側がバカだったということになる。ＥＮＩＡＣが完成する前々からエンジニアに同意させていれば、結果はまったく違っていただろう。「彼ら（ペンシルヴェニア大学の首脳部）は実行が遅すぎた。すべてがおじゃんになったんだ」と彼は言う。「戦争が終わり繋ぎ止めておくものがなくなると、みなばらばらになった」

その後何年も経ってから、モークリーが関係書類をペンシルヴェニア大学に寄贈することに決めたことを知ると、エッカートは妻に「私が死んでも大学には一切わたすな」とどなった。エッカートは、五十年も前にあった特許権争いにまだ怒っていたのである。一九九五年の彼の死後、ペンシルヴェニア大学などいくつもの研究所が、彼の関係書類を求めて争った。だが遺言により、書類はフィラデルフィア郊外の屋根裏でそのままになっている。たくさんのおもちゃや若いころの研究とともに。

第7章　二人きりの再出発

実はモークリーとエッカートは、大学を去ることをかなり前から考えていた。二人にとってコンピュータとは、文字どおり計算するための道具であり、それ自体が目標ではなかった。コンピュータそのものについて専門的に研究したいという欲求は、なかったのだ。

二人は、コンピュータが商業的に幅広く活用できることを当初から直感的に知っていたし、コンピュータの発達は学界よりも産業界においてのほうが早いだろうと考えていた。驚くべきことに二人は、すでに一九四五年の時点で、コンピュータ本来の長所とは企業や政府機関で他の仕事の補助ができるところにある、ということに気づいていたのだった。モークリーがコンピュータに興味をもったのも、天気予報に役立つ計算機が必要だったからだ。しかし、コンピュータにはそれ以上のことができる。このことが、二人が汎用計算機を製作しようと考えた理由のひとつだった。微分方程式を解くのと同じくらい簡単に、厄介な経理計算を処理できるような機械を作りたかったのだ。

一方、フォン・ノイマンのような人々は、ロスアラモスの研究者たちにとっての原子物理学と同じように、コンピュータを学術研究の新たな分野、解明すべき難題とみなしていた。多くの科学者たちが世界に名を揚げ、デジタル式コンピュータが新たな学術研究の対象になると、この分野は、学問的賞賛の可能性にあふれたものとみなされるようになった。そこには、これから開拓すべき道があり、発表すべき論文があり、勝ち取るべき賞があった。しかし奇妙なことに、ムーア・スクールの理事たちはそう考えなかった。エッカートやモークリーのように、コンピュータの商業への応用や、コンピュータがもたらし得る富のことを考えていたのだ。

突然の辞職にもかかわらず、エッカートとモークリーは独立するための土台を築きはじめていた。一年以上前、まだＥＮＩＡＣで二つのアキュムレータしか動作していなかったころのこと、モークリーは、コンサルティングのためにワシントンへ出張した際、米国国勢調査局と米国気象局を訪れ、両局の計算機への関心度を調査していた。一方エッカートは、自分の発明をビジネスに変える方法を父親に相談していた。

ここで、エッカートの父親が重要な役割を果たす。当時の人々によると、エッカートは、父親の商業的成功に見合うだけの巨額の富を築くよう、大きなプレッシャーを受けていたようだ。ジョン・エッカート・シニアは、新しいマシンが事業を興す格好の材料となることをいち早く理解していたうえに、相も変わらずせっかちだった。彼はモークリーの妻メアリを説得し、エッカートとモークリーの二人は会社を作ってコンピュータを製造し、大企業や政府機関に売るべきだと勧めた。

二人の男は、それぞれの家で、独立するように周囲からプレッシャーをかけられていた。エッカートは、新しい会社に投資してくれそうなフィラデルフィアの資本家を知っていた。資本金を貸してくれそうな銀行家たちだ。エッカートの父親は、どうすれば実現できるのかをわかっていたのだ。

その一方で、相変わらずエッカートとモークリーのもとには、他からの誘いがあり、二人を悩ませていた。フォン・ノイマンは、たとえば『草稿』をめぐる反感に気づかないのか、プリンストン大学高等研究所の主任技術者になるようエッカートを誘っていた。同研究所は、まもなくフォン・ノイマンの指揮のもとでコンピュータの研究開発に取りかかろうとしており、すでにゴールドスタインは雇われていた。モークリーは、自分にもプリンストンから誘いがあったのだと思っていたが、ゴールドスタインたちがのちに語ったところによると、研究所への誘いはモークリーには及ばなかったらしい。フォン・ノイマンは、モークリーにはほとんど関心を示さなかったし、彼を必要ともしていなかった。フォン・ノイマンとモークリーは、おたがいに対する嫌悪感のために相手の存在が見えなかったのだ。

エッカートが誘いを断ると、ゴールドスタインとフォン・ノイマンは、強欲で先見の明がないのは金持ちの父親ゆずりにちがいない、とあざ笑った。それに対するエッカートの反論は、コンピュータ分野の発展を正確に予測したものだった。彼は一九八〇年のインタビューで、こうに語っている。

「私はこう言ったんです。『メーカーはできるだけ迅速に、しかも安価で生産するようになるだろうから、コンピュータの用途はさらに広がり、その結果、たくさんの人々がコンピュータを手に入れられるようになるでしょう。大学で何年もかけて細部までこだわって完璧に仕上げたならば、そうはいかないと思いますよ』とね」

「この問題における俗物は、私やジョンではありません。フォン・ノイマンとゴールドスタインこそが俗物だったんです……あの二人は、私たちがまるで、なんというか、悪徳商人であるかのごとく見せようとしていたのです。私たちの目当ては金だけで、人々が良いコンピュータを手に入れたり、計算をすることにはまるで関心がないとでもいうようにです。ばかげた話です。その噂を消し去るには、事業で儲けるしかないということが、わかっていました」

同じころ、IBMのトマス・ワトスン・シニアがコンピュータの可能性に関心を寄せていた。IBMが入出力用にパンチカード・マシンを支給していたため、彼はENIACのことを知っていたのだ。ただ、コンピュータの重要性に夢中になるほどではなかった。「コンピュータなど世界に五、六台あればいい」という有名なセリフを残したとされる彼であるが、一九四六年には、エッカートとモークリーに対してコンピュータ研究所を設立する資金を提供しようと申し出て、二人を雇おうとしている。エッカートは興味を示したが、モークリーはIBMを信用しなかった。彼はIBMのことを、パンチカード・マシンが必要な人たちに不当な値段をふっかける会社だと思っていたのだ。結局二人は、財政的には自分たちだけのほうがうまくやれると判断した。

一九四六年四月、モークリーは友人への手紙の中でこう書いている。「私たちではなくて誰かほかの人によってでも、電子式計算機の商業向け開発のなされる日が近い将来くるはずだ、と感じていた。

ムーア・スクールには、計算機研究について契約を交わしたいという求めがいくつかの大企業からきていた。もし大学に残れば、私たちは学校側を仲介者として企業に束縛されるのではないかと思えたのだ。だから私たちは、自分たちの運命に対してもっと直接影響をおよぼせるようにするべきだと判断した」

二人なら互いを補い合ってうまくやれると知っていたからか、あるいは相手の協力なしにひとりでやっていくのが不安だったからか、いずれにしてもエッカートとモークリーは、ともかく二人でやっていくことに決めた。エッカートは、そのまま大学に残って博士号を取ろうとは考えなかった。我慢ができなかっただけでなく、コンピュータの可能性と時期の重要性に気づいてもいたからだ。モークリーのほうは、機械いじりをやめたくなかった。「私たちは二人であれ（ＥＮＩＡＣ）を作ったのです。私たちのどちらかひとりだけではできなかったでしょう」とエッカートは述べている。

新たな産業をおこす

どんなビジネスでも、立ち上げること自体が、さまざまな面において最も大変な仕事であるようだ。エッカートとモークリーの場合も、友人たちから資金を集めることはできたが、かなりの苦労をしている。コンピュータは未知のものであり、多くの人にとって、それに投資することは愚かなように思われたのだ。その会社に製品はあるのか？――まだない。顧客はいるのか？――まだいない。その機械の用途は何だ？――いろいろすばらしいことだ、おそらく。それには信頼性があって、使いやすいのか？――そうだなあ……。

大きな邪魔も入った。エッカートとモークリーは、ムーア・スクールのコンピューティングに関する夏期特別講習を手伝う契約を結んでいた。それはほかの講習と違い、米英における電子工学と数学の第一人者たちに、電子式デジタル・コンピュータについて教えるという仕事だった。その講習は、「デジタル・コンピュータ設計のための理論と技術」というもので、一九四六年の七月八日から八月三十一日まで行われ、コンピュータ専門家の中から厳選された人々が教壇に立つ予定だった。米国国防総省が、海軍研究開発部および兵站部を通して主催したもので、同省がこのようなかたちで研究をしようとするのは、異例のことだった。

エッカートが、四十八の講義のうち十一を受け持ち、モークリーとゴールドスタインは六つずつ受け持った。また、アーサー・バークスが三つの講義を行った。フォン・ノイマンも講義をひとつ行う予定だったが、実際にはやらなかった。残りの講義は、客員講師や軍の高官が行った。デジタル・コンピューティングは本当にアナログ・コンピューティングよりも優れているのか、というひとつの大きな問題が残っていたが、ハーヴァード大学とＭＩＴは、まだ納得していなかった。この講習会は〝ムーア・スクール・レクチャー〟として知られるようになり、主催者側が思っていたよりも、はるかに重要な講習会となった。コンピューティングの進歩において欠かすことのできない出来事となり、この講習会を受けた人々は、それぞれの研究所に戻ると、さっそくこの新たな分野を発展させるべく研究を始めたのである。

この講義のために二人は多くの労力を費やしたし、ムーア・スクールでの対立の数々を考えると、まわりは重圧だらけだった。その重圧のせいで会社設立の仕事はおろそかになり、設立の時期も不明確となってしまった。メアリ・モークリーは母に宛てた手紙の中で、〝ジョニー〟（夫）の将来について深く案じ、「エッカート・モークリー社が早く設立できるように」願っている、と書いている。

しかしエッカートとモークリーは、実際に会社を設立する前に契約を得ておきたかった。いくつかの政府機関と交渉を行ったものの、コンピュータに資金を投じることに関心を示したのは二つだけであり、そのひとつである海軍研究開発部は、すでにＭＩＴとハーヴァードの二大学と手を結んでいた。残るのは、商務省で調査を専門とする国立標準局だけとなった。コンピュータを欲しがっているのは、同じ商務省が管轄する国勢調査局だったが、同局の財政を管理しているのは国立標準局だった。局側はプロジェクトに乗り気なものの、契約を結ぶ前に二人の提案の妥当性を専門家に判定してもらう必要があった。同局が選んだのは、ベル研究所のジョージ・スティビッツ。いまだにアナログ計算機に夢中の人物だ。

「エッカートとモークリーの提案について話すのは難しい。まだまだ多くのことが未定であるため、仕事全体についての契約を結ぶべきだとは思わない」とスティビッツは回答した。小さな契約を結んで二人のアイデアを検討するのが良い、と提案したのだ。

ところが国立標準局側はスティビッツの助言を無視し、ジョン・カーティス副局長がプロジェクトに関心を寄せているとの理由で全体契約を結ぶことに決め、若き二人の考案者に賭けてみることにしたのだった。当時《EDVACⅡ》と呼ばれたマシンについてのこの契約は、二年にわたって合計二七万ドルの補助金を順次与えるというものだった。決して十分とは言えない額だったが、エッカートとモークリーは、これは始まりなんだと割り切った。

国立標準局との予備契約を得て、会社設立のための書類を作成すると、モークリーは、短い休暇をとる絶好の機会だと考えた。休暇を妻とともに過ごし、この数年間のあいだに溜まったストレスを和らげることにした。ENIACプロジェクトの間、ずっと彼女はペンシルヴェニア大学で軍の仕事に従事し、射表の計算に従事する女性たちに数学を教えたり、微分解析機を使って作業したりしてきた。ようやく休暇をとるべきときが来たのだ。会社を起こして事業が始まってしまえば、休暇をとるチャンスはほとんどないだろう。

夫妻は、二人の子どもをジョンの母親のもとに預け、フィラデルフィアからそう遠くない、ニュージャージー州の海岸沿いのワイルドウッド・クレストに向かった。解放されてよほどうれしかったのか、自分たちの心配事を海に捨て去ろうと、夫妻は夜中に真っ裸で打ち寄せる波に向かって飛び込んだりした。

「馬鹿なことをした」、と後年モークリーは述べている。「あんなまねはしたことがなかったのに」

波はそれほど高くはなかったのだが、メアリは波に押されて水の中で倒れてしまった。彼女はジョンのすぐ近くにいて、一度叫んだ。ジョンは妻を捕まえようとしたが、二度波に倒されてしまう。二人とも泳ぎはうまいほうではなく、彼女はついに波にさらわれてしまう。ジョンは海の中でもがくうちに眼鏡をなくした。霧が出はじめて、「彼女の姿を覆い隠してしまった」と彼は語る。メアリの姿は見えず、声も聞こえなかった。モークリーは助けを求めようと、裸のまま一番近くの明かりがついた家に向かって走ったが、すでに手遅れだった。

メアリ・モークリー。ジョンの十六年にわたる妻であり、十一歳の息子と七歳の娘の母親であった彼女は、一九四六年九月八日に溺れて亡くなった。彼女の遺体は、二時間後に海岸に打ち寄せられた。消息を絶った場所から、二ブロックほど離れたところだ。

この事件の新聞記事によれば、モークリーはケープ・メイ郡の検事に九時間にわたる質問を受けたと言う。溺死は事故ということだった。

メアリ・モークリーの死でジョンは片親として残されたが、子どもの世話は近くに住む彼の母親がしてくれた。友人たちはさかんに支援の手を差し伸べ、フォン・ノイマンからさえお悔やみが届いた。モークリーはそれを保管しておいた。

悲劇に見舞われた一方で、国立標準局との契約は進んでいた。メアリの葬儀から二週間後の九月二十五日に、正式な契約がかわされた。この提携により、友人関係から資金を集めることができ、エッカートの父親は二万五千ドルの借金の連帯保証人になった。十月、エッカートとモークリーは会社を設立し、シュルキル川を隔てたペンシルヴェニア大学の向かい側のダウンタウンで開業した。モークリーが社長、エッカートが副社長という肩書きは自然に決まった。

二人は五つの社名を考えた末、「エレクトロニック・コントロール社」にした。不採用になった名前は、「エレクトロニック・カルキュレータ社」、「エレクトロニック・マニュファクチャリング社」、「オートマチック・エレクトロニック・コントロール社」、それに「オートマチック・エレクトロニック社」。どの社名にも〝コンピュータ〟という語が入っていないのは、言葉としてなじみが薄く、投資家や顧客に敬遠される恐れがあったかだ。斬新すぎてもいるし、見慣れない言葉だった。それに、〝コンピュータ〟という用語からは、ほとんどの人は手作業の計算をしていた女性たちを連想する。企画書の原案には「電子式計算装置」を開発するとのみ書かれている。どの社名にも共通なのは、〝エレクトロニック〟という一語だった。

二人が将来性を過小評価することは、まったくなかった。当初の事業計画には、科学研究所、大学、研究財団、産業界の技術研究所、政府機関、大企業の簿記・会計部、それに企業や保険団体や研究所など大量のファイルや資料を扱うところの在庫管理部門や企画部門などに向けた装置のことが挙げられている。この新しいマシンは、いくつもの離れた場所で行われる処理を瞬時に記録するために使われ、銀行や百貨店、証券取引所、列車の運転、競馬場などで役に立つだろう。自動高速マシンは航海、通信、タイプライター・印刷機、さらにはテレビを改良することにまで使用可能。高速編み機を始めさまざまな産業の工程を管理する……。つまり、エッカートとモークリーは一九四六年当時の事業計画の中で、信じられないほどの洞察力と正確さをもってコンピュータ革命を予測していたのである。

国立標準局のカーティスは、自分が賭けた会社に資本が足りないのを知っていたので、他の政府機関にも二人の会社と契約するよう依頼した。会社は航空機の運航を管理する航空管制局と陸軍地図部と更なる契約ができた。エレクトロニック・コントロール社の滑り出しは、好調のように見えた。

特許権問題は保留に

だが、ペンシルヴェニア大学との関係は悪化の一途をたどった。一九四七年三月、大学はEDVACの公開をしたが、プロジェクトは人が去るなどして開発に失敗しており、エッカートの名前もモークリーの名前も引き合いに出されなかった。モークリーはペンダー学部長に宛てて、自分たちの名前が言及されていないことに不満を表明した。

翌四月、EDVACの特許権に関する未解決の問題を話し合うため、ムーア・スクールで会合が開かれた。まだしてはいないものの、ENIACの特許はエッカートとモークリーが申請することになっていた。だが、EDVACの特許申請を実際に誰がやるのかは、未解決の問題だった。事前の合意はなく、また、ペンシルヴェニア大学長からのエッカートとモークリーに宛てた書簡にも、EDVACは言及されていない。

会議は軍が準備し、フォン・ノイマンもゴールドスタインも出席した。この二人がすでに軍に働きかけてEDVACの特許権を申請しようとしていることが、わかった。一年以上も前の一九四六年三月二十二日に、フォン・ノイマンは特許権のことで国防総省法務局を訪ね、みずから〝軍戦時特許申請書〟を提出していた。添付した参考書類は、彼の『草稿』の写しである。だが軍の特許部はフォン・ノイマンとゴールドスタインが一方の側、エッカートとモークリーがもう一方の側として申請がぶつかり合うことを察知したので、ムーア・スクールでの会合を用意したのである。

フォン・ノイマンとゴールドスタインの二人は、すべての人々の利益のためパブリック・ドメイン（権利の消滅状態）にすることを熱心に唱え、弁護士を同伴してムーア・スクールにあらわれた。ペンダー学部長とアーヴェン・トラヴィスは、大学が会議に弁護士を同席させることはないので、反対した。管理責任者トラヴィスは、新しい特許権の方針に情熱を燃やすことで、EDVACチームの分解をまねいた男だ。エッカートとモークリーも、特許申請のために弁護士を雇ったことはあったが、このときは連れてきていなかった。フォン・ノイマンは自分の弁護士を帰らせた。フォン・ノイマンはこの会議で遅延線メモリの権利は主張せず、「そういう共同作業」にかかわるどんな特許も申請するつもりはないと述べた。

しかし、会議では当事者全員がびっくりした。軍の幹部が、あれほど広く配布された『草稿』報告書は、発明の「事前発表」に該当する可能性が非常に高いと述べたのである。あの文書が「発表」されてから一年以上にもなるので、物件はパブリック・ドメインになっていると見なされ、したがって特許権は受けられない。二派に別れての大きな訴訟は避けられたが、その代償は高いものについた。双方とも敗れたが、歴史はフォン・ノイマンに著作者の名を授けたのだった。

マシンはそれなりの名声を得ていたが、あきれたことに、エッカートとモークリーはまだENIACの特許を申請していなかった。軍は一九四〇年代の「なれる者には何でもなろう」という募集広告にENIACを使いさえしていた。ENIACの写真を掲載し、兵士は「最初から重要な仕事に参加できる」チャンスがあると宣伝している。エッカートとモークリーは一九四四年に特許権の作業に着手したが、その年の八月、二人はワシントンの特許局で会議を開き、〝コンピュータ〟について話し合った（特許局からの帰途、二人はアイオワ出身のモークリーの旧友ジョン・V・アタナソフを訪問した。独自に初期の計算機をつくっていた人物だ）。しかし特許申請作業は新会社設立の忙しさのために遅れ気味になっていた。EDVACが失敗となると、改めてENIACの特許に取りかかることが急務となった。

一九四七年六月二十六日、特許の準備作業に入ってから三年後、ついにエッカートは、弁護士といっしょに二〇〇ページの文書を提出した。申請書は漠としてまとまりがなく、コンピュータ技術のあらゆる面にわたり百件以上も特許を請求しようとしていた。二人の発明者は会社に資金を集めやすいよう、特許権を会社のものとしていた。

会社経営の一年目

八月、スタッフひとりを雇ったエッカートとモークリーは、《UNIVAC》(the Universal Automatic Computer) と改名された新しいコンピュータと正式に取り組み始めた。事務所はウォルナット・ストリートの十二番街と十三番にはさまれた部分にあるダンス・スタジオを改修したもので、プレスの父親の事務所から三ブロックのところにあった。ビルの一階は洋品店で、会社はその上の三階分。機械工作用の場所には鏡や練習用の手すりがついたままだったが、そのほかはペンシルヴェニア大学の作業場をそのままに再現していた。会社は自由な雰囲気であるものの、セキュリティは厳重だった。仕事中は部屋は施錠され、来訪者は入れない。大学のキャンパスをぶらぶらする替わりに、二人は『ロバート・サンドイッチ店』でナプキンにアイデアを書くなどして何時間も居座るようになった。「朝から晩まで、一から十までアイデアでした」と会社に雇われた七番目の社員アイザック・アウアーバックは一九七二年のインタビューで述べている。

彼らは初めから、ENIACのときと同じように長時間で週六日か七日働いた。日々の緊張から解放させるため、エッカートの父親はときどきエンジニアたちをニュージャージー沖の深海魚釣りに連れ出した。またエッカートは、自宅でマネージャー向けステーキ・パーティをやった。土曜日もいつもどおり仕事だが、〝すばらしき金曜日〟のランチがあって、和気藹々とした雰囲気だった。

エッカートとモークリーは、ペンシルヴェニア大学から引き抜きはしないと約束していたが、同大学やその他の研究所から技術スタッフを雇った。面接でエッカートが注目したことのひとつは、趣味である。モノ作りの趣味をもつ人がたいてい採用された。そういう人の方が、休むことなく絶えず仕事に就いていられると考えたからだ。

アール・マスタースンは、土曜の朝に始まったエッカートとその相棒フレイジアー・ウェルシュとの面接を思い出す。面接は七時間かかった。マスタースンは近くのニュージャージー州カムデンにあるRCAで働いていたが、会社でやっている仕事の写真集を持ってきた。エッカートは組んだ脚を会議用のテーブルにのせたり、椅子の背にのせたりしていたので、マスタースンは彼がひっくり返るのではないかと気が気でなかった。彼がアルバムの一ページ目をめくると、エッカートは装置について尋ねる。マスタースンが説明すると、エッカートとウェルシュは他の用途の可能性について話し始める。議論は二人の間で十分ないし十五分つづき、次の写真をめくるとまた新しい議論が始まる、という具合だった。

「呆気に取られましたね。私が入社した理由のひとつは、自分が目のあたりにしたそのままの会社なのかどうか確かめたかったからですよ」と彼は一九八八年のインタビューで当時を回想している。

エッカートは、ペンシルヴェニア大学でENIAC計画に従事していたとき以上にねばり強かった。インクジェット・プリンタや、ランダム・アクセス・ファイル、非機械的入出力装置の必要性、さらにはコンピュータを小型化するための技術など、とっぴなアイデアを矢継ぎ早にまくし立てていたという。エッカートは、メモリはもっと高速に、もっと安価になると確信していた。彼のアイデアには、五十年以上先をいっているものもあった。ほとんどのアイデアは、のちの開発で裏付けられた。「エッカートは最新技術の開発を押し進めていけば、しまいにはうまくいくという信念を常にもっていました」とアウアーバックは述べている。

いつもの習慣でエッカートは朝十一時ごろ出社し、夜遅くまで仕事をした。神経質なので、さらに要求がきつくなっていった。ジャック・デイヴィスは、エッカートが朝入ってくると、まず特定の回路をちらっと見て、そこにいる人間を見ないことが多かったのを覚えている。「最初に発する言葉は『あの抵抗器の数値はまちがいだ』であって、『おはよう』でも『どうだい』でもありませんでした。前の晩にやり残したところにすぐ目がいくんですよ」

開発の遅れはひどく、その原因の多くはエッカートが次から次へと考えを変えるからだった。何か設計が決まるたびに、彼が変更した。エッカートにとっては、常によりよい方法があるのだ。会社ではメモで伝達し合うことはめったになかった。すべて口から口へだった。エッカートもモークリーも、相手に話しながらアイデアを考え出す癖があったと、ブラド・シェパードは記憶してる。またある者は、エッカートが作業員を会議室に呼び入れ、相手の意見も聞かず二時間もえんえんと自分の考えを述べていたことを覚えている。時には、夜警に向かって自分の考えをぶつけることもあった。エッカートは帰りがけに決まってエンジニアの部屋に立ち寄り、話し始めてはアイデアを吐き出していった。アイデアがなくると立ち上がり、『さてと、じゃあまたあした』と言ってドアを出ていくのだった。社員たちは、三十秒後には別のアイデアが浮かんで戻ってくるぞ、と顔を見合わせたものだった。

モークリーは主にシステムとプログラミング——つまりコンピュータの論理の方を担当し、のんびりした穏やかな雰囲気を醸し出していた。ジーン・バーティクやエリザベス・スナイダー・ホルバートンなどのプログラマーは、コンピュータに命令するさまざまな方法を彼とともに工夫した。

妻の溺死から一年経たないうちに、モークリーはケイというニックネームで呼ばれるキャスリーン・マクナルティと付き合うようになった。彼女はＥＮＩＡＣチームに最初からいた六名の女性プログラマーのひとりで、そのままアバディーンでＥＮＩＡＣの仕事に就いていた。マクナルティの両親は、モークリーがかなり年上で、妻を亡くしていることもあり、また、カトリック教徒でもないので、この付き合いに良い顔をしなかった。それに、メアリ・モークリーの溺死についてはわずかながら不可解な点もあった。だが、二人はデートを続け、よく行き来していた。「あなたがそばにいないと人生は寂しいわ」とケイは一九四七年九月九日付の手紙に書いている。「もちろん、良く効く薬を知っている。自分で処方箋を書くつもりよ」二人はそれから六カ月と経たないうちに結婚した。新郎の付添いをつとめたのはエッカートだった。

ある点で、世界はすでにコンピューティングの黄金時代に入っていた。ＵＮＩＶＡＣ開発の初期にはチームの発明が一日に百個にもなったと、モークリーはのちに回想している。「誰もう、あんなふうにはできないだろう」と残念がった。

グレイス・マレイ・ホッパーはのちに《ＣＯＢＯＬ》（コボル）というプログラム言語を開発した名プログラマーだが、彼女はハーヴァードのハワード・エイケンのもとを去り、フィラデルフィアのエッカートとモークリーに加わり、モークリーとホルバートンとともにＵＮＩＶＡＣの命令コードを開発した。のちには男中心の産業になるのだが、この時期は女性も仕事場で機会に恵まれていた時期だったと言う。「エッカートとモークリーはとくに偏見がなかっただけでなく、チームが一丸となって、誰も考えもしないようなコンピュータを作ろうとしていたのです。……非常に自由な空気のグループでした。斬新でした。この人はあの仕事というような、とらわれたところが全然ありませんでした」。一九七六年にチャールズ・バベッジ研究所によりテープ録音されたインタビューの中で、ホッパーはそう語っている。

しかし、問題も少なからずあった。モークリーは社長なのに、積極的に経営を引き受けようとはしないのだ。社長というよりも、善意の仲間という感じだった。一度、社員が昇給を願い出たことがあった。モークリーは承諾した。そこで、その社員が会計係のところへ行くと、昇給に応じる金がないと言う。モークリーのところへ戻ってくると、モークリーはただ肩をすくめただけだった。

会社には経営管理の思想がなかったのだ。モークリーは民主主義。技術部門は独裁制。結果は国連のように非能率になる——あるのは激務ばかりで、成果はほとんどなし。

公平を期すためにモークリーの経営手腕についてひと言つけ加えるなら、モークリーは、会社が直面している財政事情に理解はあったのである。資本金がどんどん必要になったため、彼は新しい投資家を獲得するためにしょっちゅう歩き回った。たとえば、モークリーはノースロップ航空会社のコンピュータ顧問を引き受けたりもした。

一九四七年十月になると、エレクトロニック・コントロール社は手持ちの金が非常に乏しくなり、UNIVACプロジェクトが初期段階だったにもかかわらず、別の型のコンピュータを作る契約を結んだ。

二人はノースロップ航空と《SNARK》という新ミサイルの飛行を制御するコンピュータを製造する契約を交わしたのだ。このコンピュータは限りなく正確で失敗がないものでなければならず、その上、ノースロップ側は、輸送も機内での操作もできるものにしたいと言った。――初期の電算機の大きさ、壊れやすさ、莫大な電力消費量などを考えれば、当時としては途方もない思いつきである。エッカートとモークリーが提案した設計は、小型の計算機二台を一列につないで動かすというものだった。このマシンはBINAC（Binary Automatic Computer）と呼ばれ、たったの十万ドルという、同じく非常識なまでに安い値段で売られることになった。UNIVACより小型で、もう少し簡素になるはずなので、エッカートもモークリーも、急いでBINACを作れば、UNIVACもそれほど遅れをとらないでできると考えたのである。

追加資金をつくるため、株を売って、事業を広げることにした。一九四七年十二月二十二日に、二人はエッカート・モークリー・コンピュータ社を設立した。社員は三十六名だ。

しかしモークリーにさえ、社内でかかえる問題は明らかだった。一九四八年二月五日モークリーは社員にメモを書いた。「われわれが甘んじている現状について考えれば考えるほど、必要な決断が遅いためになんと多くの貴重な時間が失われているかがわかる」

エッカート・モークリー・コンピュター社（ＥＭＣＣ）は、立ち上げたばかりの会社にありがちな、逃れようのない不条理な状況《キャッチ22》に陥っていた。資金繰りが改善されなければ注文はとれないが、注文が入らなければ資金事情は改善されないというものだ。多くの投資家はコンピュータを成長市場と考えていなかったので、資本は集まりにくかった。株取引は会社の大部分を売ることになり、支配権を失うことになるのであまり乗り気ではなかったが、会社は非常にあぶないところにいた。「販売の才に長けたセールスマンがいなかったのですよ」エッカート・モークリー社に入ったムーア・スクールの古参、ブラド・シェパードは述べている。

事実、この会社のセールスマンといえば技術系だから、機械の限界のことも知っている。製品を売り込むよりも顧客の期待をそいでしまうのだった。対照的に、技術系でも成功する多くの会社は、新製品について色々まくし立てて、強い期待感をもたせてから可能性に言及する。そんな革新的なことは何年も先の話だとしても、そうする。新製品をどうしても手に入れなければと思わせ、買わなければ競争相手が手に入れて負かされますよ、と言うくらいでなければだめなのだ。だが、ＥＭＣＣの場合はそうではなかった。「ＵＮＩＶＡＣ Ｉのセールス努力は初めから足りず、積極性に欠け、想像力にも乏しいものだった」とパーデュー大学のソウル・ローゼンは一九六八年に電子計算機の歴史概説の中で述べている。

交渉もさんざんだった。ＵＮＩＶＡＣ Ｉの条件交渉のために国立標準局がフィラデルフィアにやって来たとき、モークリーは当日の八時半に出社すると、提案書の写しをアウアーバックに渡し、「いっしょにこの契約交渉を手伝ってくれないか」といきなり言ったのだった。

原価加算契約にせず、固定価格契約で交渉したことが、大失敗だった。この手のマシンの開発には経費がいくらかかるかわからないのに、エッカートもモークリーも、すぐ手に入る完成品のように売ってしまったのだ。買い手にとってはリスクが小さくてすむので、確かに契約数は増える。しかし、会社にとっては大失敗である。資金が枯渇し、マシンが未完成だったら手も足もでなくなる。たとえば、ＢＩＮＡＣは製作費二八万ドルだが、ノースロップは一〇万ドルを支払っただけだった。ＵＮＩＶＡＣ Ｉを作動させるのには九〇万ドル以上かかっているが、契約はたったの二七万ドルだった。

国立標準局でＵＮＩＶＡＣの契約を引き継いだマーガレット・フォックスは、マシンの製造が空中分解したことを知った。会社に資金がなくなったのは明らかで、ＵＮＩＶＡＣは完成からほど遠かった。「契約およびその背景を徹底的に調べてみると、こんなバカな人もいるのかと呆れました。……エッカートとモークリーが固定価格契約をしているなんて——信じられませんでした」と彼女は述べている。

窮地の中で、エッカートとモークリーはノースロップ社にＢＩＮＡＣの代金の八〇パーセントを前払いしてもらうことにし、多少資金ができたので、一九四八年春にはもっと大きい施設に引っ越すことになった。会社はフィラデルフィアのブロード・ストリートとスプリング・ガーデン・ストリートの交差点にあるビルの七、八階に移転した。近所の呼び物は、二五セントでカットしてくれる近くの老床屋。その床屋には若いブロンドの奥さんがいて、やはり髪を刈るので、エンジニアたちは二人連れで店に行けば、どちらかひとりが必ず彼女にカットしてもらえるのだった。

その年の夏、会社は最大の岐路に立たされた。モークリーに支持された何名かが、ＢＩＮＡＣをしばらく続けて、その設計を他の用途に応用しようという計画を提案した。大学ならば、その一部分でも研究目的に買ってくれるのではなかろうか。ＵＮＩＶＡＣ一式は敬遠する会社も、シンプルなＢＩＮＡＣでコンピューティングの分野を試そうとするのではないか、と。売り上げを伸ばす方法である。だがほかの者たち、特にエッカートは、ＵＮＩＶＡＣと運命をともにする気でいた。ＢＩＮＡＣは使用目的が限られた一時的な遊び。ＵＮＩＶＡＣこそが求めるものなのだ。

一九四八年八月十八日、モークリーは「財務事情の改善のための方策」として、複数のＢＩＮＡＣを売るか、または、貸し出すべきではないかとのメモを書いた。このメモが会議に出されると、エッカートは怒り心頭に発した。「文字どおり、チョークと黒板消しが部屋の中を飛んでいきましたよ」とアイザック・アウアーバックは思い出す。

代案として、エッカートは簡単でどこにでもあるマシン――自動車修理工場用の点火プラグ・テスターの製造を提案した。ＵＮＩＶＡＣの開発中でもすぐ金になる方法だった。だがエッカートは、週末をテスターの設計に費やしたあげく断念した。ただ、このことでエッカートが会社の支配権を強め、モークリーは退きがちになっていった。

会社はＵＮＩＶＡＣ開発をどんどん進めた。給料よりテクノロジーの方が大事にされたのだ。その観点からいけば、ＥＭＣＣではビジネス戦略より技術の方が優先されたことははっきりしている。「ある意味で、彼（エッカート）の支配（そしてモークリーの服従）は、技術的には明らかに強みではあったが、ビジネスの成功には障壁となった」と、電算機史家ナンシー・スターンはエッカート・モークリー・コンピュータ社の分析の中で述べている。

エッカートとモークリーは、しだいに離れていった。あるとき、エッカートの父親が銀行ローンの援助をしているのに自分がそれを知らなかったとわかって、モークリーは大きなショックを受けた。だが、二人はなんとかパートナーとしてやっていった。まだお互いに必要だと感じていたのである。

見通しの悪化

さらに不利なことがさまざまに出現した。国務省はEMCCに対し、UNIVACを外国に売却することはまかりならんとした。親米、反米を含め数カ国の政府が真剣に照会してきていたのにだ。資金がなくなり、小切手を現金化することができなくなったので、モークリーはその週の給料の小切手を会社の金庫に入れたままにしておかなければならないこともあった――給料を支払えるだけの金もなかったのだ。従業員は百名を数えるまでになったが、支払経費の報告書ができるまで三カ月かかることもあった。テレビ視聴率会社のA・C・ニールセン社が出資を申し出てきたが、会社の株の四〇パーセントが欲しいという。エッカートもモークリーも、まだ支配権を譲り渡したくはなかった。その代わり、会社を破産から救うための一助として、エンジニアたちに五千ドルで優先株を買ってくれるように頼んだ。ノースロップはEMCCを苦境から救うため、フィラデルフィアへ重役を送り込んだ。モークリーはといえば、保険証書の更新日がきたのに未払いの状態で、個人的にも窮地に陥っていた。代理人はモークリーに、保険が失効しないよう替わりに支払っておいたという手紙を出している。

開発が遅々として進まないことと会社の金詰まりで、スタッフが失われていった。忠実なエンジニアたちも、これほどきつくない仕事を求めて、ひとり去り二人去りしていったのだ。アウアーバックは、エッカートがUNIVAC開発をどうしても押し進めると言い出して間もなく、会社を去った。ジャック・デイヴィスは一日十二時間、週七日という新作業計画が出てきたあと、妻に促されて辞めた。「その仕事量たるや、とにかくものすごかった」とデイヴィスは回想する。

以前からの争いも、消えずにあった。エッカート・モークリー社は自力でマシンをつくろうとして失敗に終わった海軍研究開発部用コンピュータの契約をとるために競争した。競争相手は、レイセオン製作所。原価に協定利益を加えるコストプラス方式の契約を主張していた。結果は国家研究評議会の決定に任せられたが、その議長はジョン・フォン・ノイマンが務めていた。同じく評議員であるハーヴァード大のコンピュータ開発者ハワード・エイケンは、電子式でなく電気機械式に拘泥していた。エイケンはエッカートとモークリーを最大のライバルだと思っていたのだ。

評議会はレイセオン製作所を選んだ。コンピュータを操作しうる水銀遅延線メモリを製造することは不可能という同社の主張に目をつけてのことだ。この問題こそ、フォン・ノイマンの『草稿』の核心だった。水銀遅延線メモリはエッカート・モークリー社がすでに設計し、でき上がっていたが、研究評議会からフィラデルフィアに見に行った者は誰もいなかった。なぜ行かなかったのか。「個人的な恨みだけですよ」とアウアーバックは回想する。

成り行きが芳しくないところに、さらに別の大問題が若い会社の前に立ちはだかった。アメリカ中に反共熱が根をおろし、マッカーシーイズムに発展していったのだ。一九四八年、エッカート・モークリー社では陸軍情報局によって人物証明の査察を受けるという事態になった。ＢＩＮＡＣは最高機密プロジェクトだからだ。

軍は、ＥＭＣＣで人物証明を所持している九人のうち五人が〝破壊活動分子〟の傾向があるか、つながりをもっているとした。五人とは、ヘンリー・ウォレスと進歩党の支持者で超リベラル派のエンジニア、ボブ・ショウのほか、ブラド・シェパード、エンジニアのアルバート・アウアーバック（アイザック・アウアーバックとは無関係）、モークリーの秘書ドロシー・Ｋ・シスラー、そしてモークリー自身である。

ＦＢＩ（連邦捜査局）のモークリー関係書類によれば、陸軍の査察官は二つの理由からモークリーを被疑者とした。第一に、彼は全米科学労働者協会フィラデルフィア支部の会員だったが、同協会は、陸軍に言わせれば、共産党によって原子力絡みの立法に干渉する前線として設立された団体だった。実際にモークリーは、大統領と議会に対し、原子力の文民統制について採択を促す九八〇名の科学者の要望書に署名していた。この要望書で軍に疑われたのだが、要望はのちに採択された。

モークリーが失格となった理由の第二は、もっと奇妙なものだった。それは「ニュージャージー州ワイルドウッドでモークリーと妻が月夜に水泳をしていた最中、妻が不審な溺死をとげたこと」と文書は非難めいた調子で述べている。

陸軍情報局は、FBIに対しさらに調査を依頼した。FBIは調査の結果、一九四八年十一月十一日に、モークリーの違法行為または裏切り行為を明らかにする十五ページの報告書を提出した。FBIは、他と同様、モークリーは「変人《エキセントリック》」だから疑わしいと結論づけたのである。

陸軍は、EMCCに機密文書を受領してはならないと命じた。それで軍との契約も取れなかったのだが、それでも足りずに会社を厳しく不適格とした。一九五〇年一月三十一日、陸軍のフィラデルフィア地区兵站部はEMCC宛ての書簡を送り、同社とモークリー、ショウについては人物証明は不可と通報した。会社は大事な防衛絡みの契約を取り損なった。それがあれば命をつなぐことができたのに。

財務と不動産取り引き

だが、エッカートとモークリーには一時的な財務上の救いの手が訪れる。一九四八年、デラウェア州の競馬場オーナーが、競馬賭け金と掲示される配当率を一致させる賭け率計算器（トータリゼータ）

の電子版を開発する話をもちかけてきたのだ。当時の最新機種は、スティビッツのコンピュータに非常によく似ていてリレーで動くが、競馬場は二人が電子回路を使えばもっと良くなるだろうと考えた。しかも、メリーランド州ボルティモアのアメリカン・トータリゼータ社という会社がこの部門を独占しており、デラウェアの競馬場はこの独占を崩す方法を捜していたのである。

エッカートもモークリーも、競馬場の仕事は専用業務であって汎用マシンには向かないものと考え、関心を寄せなかった。しかし、二人の特許担当弁護士ジョージ・エルトグロスが、トータリゼータを選ぶことを決定した。エルトグロスはEMCCに来る前ボルティモアのベンディクス社にいて、アメリカン・トータリゼータ社の重役たちを知っていたのである。彼は同社の副社長ヘンリー・ストラウスをエッカートとモークリーに引き合わせた。専用業務をさせるかわりに、ストラウスは会社の財務を支援しても支配権はエッカートとモークリーに委ねたままにするつもりだった。四八万八〇〇〇ドルプラス貸付金六万二〇〇〇ドルでアメリカン・トータリゼータ社はEMCCの株の四〇パーセントを引き受け、九名の重役会の四席を占めることになった。ストラウスはEMCCの会長に就任した。

ブロード・ストリートの場所にはたった一年しかおらず、床屋の奥さんも気に入っていたのに、エッカート・モークリー・コンピュータ社はまたしても移転することになった。なんといってもエッカートの父親は不動産のやり手で、いつも良い物件を探していたからだ。一九四九年春、大きくなった会社はフィラデルフィア北部に移転し、リッジ・アヴェニュー三七四七番地のがらんとしたハト小屋のような編み物工場のあとを引き継いだのだが、向かい側には墓地が、隣には廃品置き場があって、理想的な場所だった。南部に移転していった編み物工場のあとを引き継ぐについては、象徴的なことがある。バベッジがコンピューティングで編み物機に及ぼした影響の延長として、この北東部では技術の遅れた製造業がコンピューティングによってハイテク化していったのである。ＥＭＣＣは、二つのフロアを占有していた。上の階はエンジニアリング関係で、エッカートとモークリー、エルトグロスの三部屋があるだけ。下の階が中心になる製造工場で、地下に倉庫があった。しかし、最大の欠点は空調設備がないことだった。机に温度計を置いている社員もいたが、夏は三十九度近くにまでなるのだった。

ＢＩＮＡＣの完成

一九四九年八月、ＢＩＮＡＣの起動が可能になった。テストでは機械は停止もエラーもなく四十三時間動き続けた。ＢＩＮＡＣには三〇ビットからなる語を五一二語蓄えることのできる水銀遅延線メモリがあった――ビットは0あるいは1のいずれかの数字で表される単位だ。ＢＩＮＡＣは四メガヘルツのスピードで作動したが、これは当時にあってはすごい速さだ。キーボード、印字機、そしてＥＭＣＣが開発した磁気テープを読むローダーがついていた。

意外なことに、ＢＩＮＡＣにはエッカートのトレードマークになった職人的技術の高さが幾分欠けていた。急いで製作されたせいもあるが、それでも製造には二年近くかかっている。技術的に不満足な真の理由は、エッカートがＢＩＮＡＣを継子扱いし、ＵＮＩＶＡＣにばかり目を向けていたからである。ＢＩＮＡＣはプラグ接続式回路に問題があった。少しでも揺さぶられると、回路のいくつかが緩みかねないのだ。飛行中の機内で使われるコンピュータにはどうかと思われるが、そのアイデアはかなり前に放棄されていた。ノースロップ社が契約で求めた点は、大型機の貨物用ドアを通過できる機械であることだった。とはいえ、この回路の問題のせいで、みなＢＩＮＡＣが揺れないように機械の周りをつま先立ちで歩いていた。

ＢＩＮＡＣ完成記念会は例外だった。エンジニアたちがパルスを伝えるラインである高速データ・バスに拡声器をつなげると、パルスが通過するとき〝音楽〟が聞こえた。また、命令すると機械の内部から固ゆで卵が出てくるように、プログラムした。ＢＩＮＡＣは命令どおり大きな卵を産んだ。だがカリフォルニア州のノースロップ社に引き渡されると、うまく作動しなかった。エッカート・モークリー社側はノースロップ社のせいだと言い、ノースロップ社はエッカート・モークリー社のせいだと言う。ノースロップ社は契約に従い残金を支払ったが、ＢＩＮＡＣを倉庫にしまい込んでしまったらしい。その噂が広まって、エッカート・モークリー社の社名は傷がついてしまった。

「本当のところは、マシンがフィラデルフィアを出てから仕事の機会は一度も与えられなかったということだった」とモークリーは一九七八年の書簡で主張している。「エッカートと私は懸命に国勢調査用のＵＮＩＶＡＣの設計と製造に取り掛かっていたので、ＢＩＮＡＣに起こったことでなげいているひまはなかった」。

ＵＮＩＶＡＣプロジェクト――後退から成功へ

モークリーの社長年次報告によれば、エッカート・モークリー・コンピュータ社は、一九四九年の時点で従業員一三四名、そして六件で総額一二〇〇万ドルの、ＵＮＩＶＡＣシステム契約をもっていた。プルーデンシャル保険社とＡ・Ｃ・ニールセン社の両社が契約したとはいえ、一体当たり十五万ドルという格安値だった。

その年の会社の写真には、額のはげ上がったエッカートが、いつもの白ワイシャツに黒の蝶ネクタイ姿で、唇をきっと結び、姿勢良く座って手を組み、肩をいからせた姿が写っている。だが、ほかの管理職は一見してもっとリラックスしている。ネクタイをしているのは、二十五人中三人だけだ。女性は四人。半袖の仕事着を着たモークリーは、例によってひょろっとしていて、鷹揚にうしろへそりかえり、頭をぴんとたてて微笑んでいる。

ＵＮＩＶＡＣの主要部分の製造は、一九四九年夏から本格的に始まった。そこへ悲劇がまたエッカートとモークリーを襲った。一九四九年十一月二十五日、会社にとって良き友人でありビジネス顧問でもあったアメリカン・トータリゼータ社副社長ヘンリー・ストラウスが、航空機事故で死んだのだ。ストラウスは競争心のないフォン・ノイマンのような役割を演じていた。よく会社を訪ねてきては、いろいろな示唆を与えた。自分はコンピュータについて学び、エッカートとモークリーにはビジネスのことを教えたのだ。彼は二人を翼の下に抱え、ＥＭＣＣを飛び立たせようとしていた。

ストラウス亡きあと、アメリカン・トータリゼータ社の重役会はコンピュータに関心を示さなくなった。同社は投資を取り戻したいと言った。まだ五〇万ドルほどの資金が不足だったが、エッカートとモークリーは急にアメリカン・トータリゼータ社の持ち株を買い取るために、さらに四三万八〇〇〇ドルの金を集めなければならなくなった。

一九四九年遅く、二人はニューヨークのＩＢＭ社にトマス・ワトスン・ジュニアを訪ね、ＩＢＭにＥＭＣＣの筆頭株主になってもらえないかと申し出た。ＩＢＭはこのころには自分たちのコンピュータ開発プログラムに全力をあげていた。ワトスンは事前にエッカートにしか面識がなかったのだが、モークリーのことを「ひょろっとしていて、服装はだらしなく、人を小馬鹿にしたような話し方をする人物」と述べている。彼は一九九〇年の『ＩＢＭの息子』という著書の中で、モークリーがソファにどかっと座り、コーヒーテーブルに足を乗せていたと書いているのだ（モークリーの家族は、彼は物を大事にする人で自宅でもコーヒーテーブルに足を乗せたりしなかった、この話はおかしいと言っている）。ニューヨークにあるワトスンの父親の部屋で会見があり、親子ともども同席した。弁護士はワトスン父子に、反トラスト法の心配があるので、エッカート・モークリー社を買収できないと、前もって話していた。UNIVACは数少ない事務用電算機の分野におけるIBMの競争相手だ。エッカート・モークリー社の申し出は断られた。

一九五〇年二月十五日、ENIACの発表からわずか四年後、コンピュータ部門に乗り出したいと考えていたタイプライタ・メーカーのレミントン・ランド社は、アメリカン・トータリゼータ社が所有する四三万八〇〇〇ドルの株を買い、EMCCの残り六〇パーセントの株を一〇万ドルで買うことに同意した。レミントン・ランド社は、同社のエッカート・モークリー・コンピュータ社事業部となった部門の運営を、二人の裁量に任せることについても承諾した。ただし、マンハッタン計画に参画し引退した元大将、レスリー・グローヴスに報告する義務があった。会社を思い通りにしようとしない限り、二人とも八年間同事業部内での利益の五パーセント——利益があればだが——を得るものとした。レミントン・ランド社はまた、契約期間中の特許権収入の半分および各人一万八千ドルの年収を保証した。良い条件とは言えないが、ほかに選択肢はない。

自分たちの会社をもつ夢が終わったことが、二人にはわかった。グローヴスが財務管理に口を差し挟もうとして契約交渉をやり直したが、停滞し続けた。プルーデンシャル、ニールセン両社とも、脱退して金を返してもらうと、IBMから初めてのコンピュータを買い付けた。

一九五一年三月、UNIVAC Iがついに起動可能となった。精巧な磁気テープでデータを取り入れるという、エッカートが開発した方式で、十九歳のときに特許権を取得していたものだ。UNIVACの磁気テープは耐久性があり信頼に足るもので、十進法で毎秒一万桁の速さで百万桁を読むことができた。技術的にはパンチカードよりはるかに優れているが、商品としてはやや違った。ENIACの真空管の数は約一万八千本であるのに比べて、UNIVACは約五千本であり、電気消費量もたった十五キロワットだった。

「あれは大手柄だったね」モークリーは一九七八年に友人のエスター・カーとコンピュータ開発について語ったビデオの中で言っている。「私たちがムーア・スクールを去ってからちょうど五年にして、初めてのテープ付き商用コンピュータを製造したんだから」

国勢調査局はEMCCのUNIVACを導入することに決定し、ノースロップ社がBINACを引き取ったときの二の舞を演じないよう、契約に基づきEMCCが現場で操作するようにした。だが、そのビルには空調設備がなく、夏のあいだは発生する熱の問題がつきまとった。ある酷暑の日に屋根のタールが溶け、天井から新品のコンピュータにしたたり落ちてきて大騒ぎになった。UNIVACの三号機あたりまでは空冷式だったので、熱の問題が一層ひどかった。エンジニアたちは一階の壁に穴をあけてコンピュータの下から空気を送り込み、二階の壁から外に出した。気温が高すぎてマシンを冷却できない日には、作業員が配管にドライアイスを置いて冷やした。逆に冬は、壁にあけた穴のためにとても寒く、作業員はコートと手袋が欠かせなかった。その後EMCCでは、マシンの底にある熱交換機に冷水を通し、常に空気を循環させて冷却するシステムを開発した。

レミントン・ランド社は、巧妙なPR作戦でUNIVACコンピュータを売り込もうと、あらゆる手を使った。同社は『ホワッツ・マイ・ライン?』(私の職業はなんでしょう?)というテレビ番組のスポンサーで、レミントン電気カミソリを宣伝していた。そこでエッカートはニューヨークへ行き、番組のスタッフと会ったが、エッカートの言葉をそのまま使うなら、コンピュータの設計と製造にかかわる人物を見せても「その番組では、関心をもたれない」ということだった。

一九五二年の大統領選挙のとき、コンピュータにとってのビッグ・チャンスが巡ってきた。アート・ドレイパーというレミントン・ランド社の重役で研究所の責任者が、早目の開票結果をもとにコンピュータで選挙結果を予測するというアイデアを思いついたのだ。ドレイパーがCBSニュースにこのアイデアを売り込むと、ウォルター・クロンカイトは、生真面目なニュースとしてよりは娯楽的な試みとして進めることに決めた。

プログラマーは選挙の行方を握る八州(ニューヨーク、ペンシルヴェニア、マサチューセッツ、オハイオ、イリノイ、ミネソタ、テキサス、カリフォルニア)のかなめとなる地区での初期開票を、コンピュータのテープに記録した。結果は過去の投票パターンと比較された。

CBSはニューヨークの夜間選挙情報のセットに偽物のコンピュータ制御パネルを据え、ピカピカ光るクリスマスツリーの照明で効果を出した。チャールズ・コリングスウッド記者は、実際にはフィラデルフィアのエッカート・モークリー・コンピュータ社事業部にいた。ＥＭＣＣはプリントアウト用にタイプライターのヘッドを大型化したものをつくり、カメラで実際にマシンからアウトプットされるところを放映した。

いささか早すぎますが、あえてUNIVACが予想します――投票数3,398,745中

	スティーヴンスン	アイゼンハワー
州の数	5	43
大統領選挙人数	93	438
投票数	18,986,436	32,915,049

ドワイト・アイゼンハワーの地滑り的勝利なのか？　あらゆる選挙予測は、結果は僅差であると主張していた。コンピュータの結果はスティーヴンスンの勝利の確率を「一〇〇対一」と記載した――プログラマーたちが予想した最大の確率が九九対一だったが、それを超えて一〇〇対一になってしまったのだ。

ＣＢＳもレミントン・ランド社も、即座に第一報を公表することは控えようとした。混乱を招く危険性が非常に大きかったからだ。プログラマーはマシンに戻り、共和党のアイゼンハワーが勝ってい

るが、もっと票差のつまった競争になるように、計算のパラメータをあれこれいじった。放送された予測はUNIVACに八対七でアイゼンハワーの勝利を予測させたものだった。

最終的に、アイゼンハワーは大統領選挙人数四四二を獲得し、民主党の対立候補アドレイ・スティーヴンスンはわずかに八九票だった。UNIVACの当初予測は大統領選挙人合計五三一票に対し四票しか違わなかった——九九パーセント以上の精度である。

放映の夜、CBSはコンピュータを信用しなかったことを告白し、どのように結果をでっち上げたのか説明した(コンピュータの問題は人間のせいである場合が多いことは、よく知られているところだ)。

UNIVACはたちまち有名になり、売れるようになった。レミントン・ランド社は「商品化されたいわゆる初の『巨大頭脳』」として宣伝した。民間としては一九五三年春に初めてゼネラルエレクトリック社が顧客となり、八号機を購入した。そのあとメトロポリタン・ライフ社、USスチール社、E・I・デュポン社、フランクリン・ライフ社などが契約した。レミントン・ランド社が購入だけでなくリースに賛成していたら、もっと多くの会社が名を連ねていただろう。合計四十六機のUNIVAC型コンピュータが製造され、最後のマシンが停止したのは一九六九年——設計から二十年後のことだった。

左から：氏名不詳の技術者、プレス・エッカート、ウォルター・クロンカイト（ユニシス社提供）

個人的敗北と事業の失敗

レミントン・ランド社は表面上はうまくいっているように見えたが、内部に亀裂を抱えていた。同社はフィラデルフィアのコンピュータ事業部を補強するために、一九五二年、ミネソタ州セントポールにあるウィリアム・ノリスのエンジニアリング・リサーチ・アソシエイツ社（ＥＲＡ）を買収した。だが、そのためにセントポールとフィラデルフィアは常にぶつかり合い、犬猿の仲となって、折角のレミントン・ランド社の努力が台無しになった。具体的には、エッカートとノリスがしょっちゅう喧嘩したせいである（ノリスは何度も我慢した。五年後ＥＲＡ社で最も優秀な人材を連れ、コントロール・データ社を設立した。人材の中には、のちに〝スーパーコンピュータの父〟になったセイモア・クレイという人物もいた）。

このストレスはエッカートに深刻な影響を与えた——結婚にもだ。エッカートは仕事のことばかり考え、妻へスターのことはいつもあと回しだった。ジャック・デイヴィスがプレスとヘスター、そしてもうひとりのエンジニア、フレイジアー・ウェルシュと食事に出たときのことだ。エッカートとウエルシュは食事中ずっと細かい仕事の話をしていて、デイヴィスがヘスターの話し相手になっていた。食事が終わるとエッカートは仕事に戻ってしまった。

また、アール・マスタースンがプレスとヘスターの買い物に付き合ったときのことだ。ヘスターはエッカートに庭用の家具を運ぶのを手伝って欲しかったのに、彼はマスタースンとずっと高速プリンタの設計について話していた。ヘスターは、よく夕方になると食事とコーヒーが入った魔法瓶をもって会社にやって来た。そうしなければ、プレスは手を休めて食べることさえしなかっただろう。エッカートが食べている最中、ヘスターは手持ちぶさたそうにそばにつっ立っていた。

一九五三年、鬱病の治療薬は飲んでいたのだが、ヘスターは自殺した。エッカートの友人によれば、エッカートはいつもむっつりしていたが、そのときはさらにふさぎ込んでしまった。翌年にはプレスの父が彼に看取られながら死んだ。これらの不幸で、エッカートはますます引きこもっていった。

事業の方も順調ではなかった。競争相手との販売競争でも出遅れ、一九五五年にはIBM700シリーズへの発注が初めてUNIVACを上回った。IBMは伝説的な販売力と、販売後でも顧客を放さないことで有名で、だんだんとコンピュータ市場を支配していった。〝ビッグ・ブルー〟は、エッカートやモークリーがいなくても電子式コンピューティングの頂点を目指してよじ登り、成功した。ＩＢＭは役だつならどんな人物でも雇い、一九五一年にジョン・フォン・ノイマンとも顧問契約を結んだ。研究開発でレミントン・ランド社を抜くと、ＩＢＭ製品はたちまちＵＮＩＶＡＣの性能に匹敵するほどになった。勝負はついたのだ。

この競争に直面し、一九五五年にはスペリー社がレミントン・ランド社を買収したため、二人の部門はスペリー・ランド社レミントン・ランドＵＮＩＶＡＣ事業部フィラデルフィア・コンピュータ部という名前になった。その後、スペリー・ユニバックとして知られるようになった。

プレスパー・エッカートとジョン・モークリーにより創設されたコンピュータ産業は、創業者たちを追い越した。彼らは多くの失敗をしてきた。その原因の多くはエッカートにあると見る仲間もいる。ＥＮＩＡＣプロジェクトでエッカートのために働き始め、ＥＭＣＣにとどまり、その後ハネウェル社で長くコンピュータ畑の仕事をしたチュアン・チューは、こう述べている。「エッカートは非常に頭が切れ、積極的で、仕事熱心でした。でも、完全に失敗しました。現実的ではなかったからです。彼は判断を誤りました」

スペリー社にあってIBMにないもの

一九六〇年の終わりころ、コンピュータ産業は〝IBMと七人の小人〟と言われるようになった。一九六五年には、IBMがコンピュータ市場の六五パーセントを占めていた。残る三四パーセントを七人の小人が占めた。七人の中ではスペリー・ランド社が最大で一二パーセント、続いてコントロール・データ社が五パーセント、ハネウェル社とバロウズ社がそれぞれ四パーセント、それからゼネラルエレクトリック社、RCA、NCRが約三パーセントとなっている。

だが、スペリー社にはIBMにないものがあった。ENIACの特許権である。一九六四年二月四日、長期に及ぶ審査と、ベル研究所のように実際には製造しないのに機械の図面だけで申請した相手もあるなど多くの競争相手とを越えて、モークリーとエッカートはENIACの特許第三、一二〇、六〇六号を受領した。レミントン・ランド社エッカート・モークリー事業部とともに特許権を買収したスペリー・ランド社は、これによってコンピュータ・メーカーから特許権使用料を徴収することができた。特許の申請が受け付けられた一九四七年に発給されていたならば、ふつう十七年の有効期間は一九六四年に失効していただろう。特許権は一九六四年に発給されたので、そうならずに、コンピュータ販売量が飛躍的に増加する時期の一九八一年まで続くことになった。スペリー社の市場占有率は減少していたが、急成長するコンピュータ産業をコントロールする立場を確保したまま、一九七〇年代に突入した。

パイオニアというものは、あとに続く者にとっては楽な道を切り開きながら、往々にして辛酸をなめるものである。エッカートもモークリーもそれだった。エッカート・モークリー・コンピュータ社は華々しくコンピュータ革命をぶち上げたが、そこに創業者の影はほとんどない。かろうじて彼らの名前が残っているのはＥＮＩＡＣの原特許である。それこそは絶対に取り去られることがないと、二人は思っていた。

第8章
結局、誰のアイデアだったのか？

ＩＢＭがコンピュータに飛びついたのは、その将来性を見越したからではなかった。それはむしろ、この新型マシンがはやったとしても、パンチカード以外の分野に多角化して、オフィス機器市場での覇権を守れるようにするという、防衛措置だった。

一九二四年、社長の座に就いたトマス・ワトスン・シニアは、ハーマン・ホレリスのパンチカード事業から生まれたこの会社を、オフィス機器の全分野を牛耳る企業に育てる聖戦に乗り出した。Ｍａｒｋ Ｉの完工式ではハワード・エイケンに冷たくあしらわれ、一九四六年にはエッカートとモークリーを雇い入れるのに失敗したワトスンは、コロンビア大学の電子工学専門家ウォレス・エッカート（プレスパーの縁者ではない）を雇い、コロンビアにワトスン・コンピュータ研究所を設立した。

電子部品はＩＢＭの最も基本的なパンチカード乗算機にも浸透し、ワトスンの息子がコンピューティング事業を推進する同社は、政府向けの計算機構築で中心的役割を担っていた。しかしＵＮＩＶＡ

Cのデビューは、そんなＩＢＭをコンピューティング研究にのめりこませるきっかけとなった。

「私は『何てことだ、こっちが軍部の計算機に取り組んでいる間に、ＵＮＩＶＡＣはちゃっかり民間のビジネスをかっさらいはじめた！』と思った。まさにぞっとする思いだった」とワトスン・ジュニアは自叙伝の中で語っている。

初期の科学向けコンピュータでは苦労をしたＩＢＭも、その後、オフィス向けの新製品《モデル６５０》で遅れを取り戻しはじめた。６５０の性能はＵＮＩＶＡＣほどではなかったが、オフィスにすでに設置されているパンチカード装置と互換性があったため、それが大きなセールスポイントになった。ＵＮＩＶＡＣはパンチカードよりはるかに優れた記憶媒体である磁気テープを利用していたが、顧客たちがその新技術を使うにはすべてのパンチカード記録をテープに変換しなければならない。ＩＢＭは顧客がそれまでのパンチカードを使えるようにしたため、６５０はコンピューティングへの手軽な移行装置として販売された。そのうえ、６５０はパンチカード・リーダーと同じスペースに納まるから、顧客たちの抵抗感も少なかった。こうしてＩＢＭはたちまち、デジタル・コンピューティングの急進勢力となったのだ。

しかしＩＢＭがコンピュータ新分野への多様化を切望する理由は、もうひとつあった。一九五二年、米国司法省はＩＢＭが事務機器市場を支配しているとして独占禁止法違反で同社を訴えた。その結果、一九五六年にＩＢＭは和解命令を受け入れ、マシンのリースだけでなく販売もしなければならなくなったうえ、いくつかのパンチカード事業も売却せざるをえなくなった。また、この和解のおかげでＩ

ＢＭは、互換機構築のライセンスも競合企業に販売しなければならなくなった。まさに、ここが重要な点だ。ＩＢＭの事務機器と連動する製品を販売できない限り、競合企業は多くのオフィスから完全に締め出されることになるからだ。

スペリー、「ＩＢＭと六人の小人」と対決する

和解命令が出されたあと、レミントン・ランド社はＩＢＭの特許の完全利用権を求めてきた。一方ＩＢＭは、それと引き換えにレミントンからＥＮＩＡＣとＵＮＩＶＡＣのコンピュータ特許を利用する権利を得ようと考えた。結局、この契約は成立せず、両社は互いに相手を訴えた。そしてスペリーがレミントン・ランドを買収した一年後の一九五六年、スペリーとＩＢＭはこの特許の交換に合意した。独占禁止法問題がふたたびもち上がることを懸念した両社は、契約条件すべてを非公開とすることに成功。これは特許の相互使用契約で、スペリーがＥＮＩＡＣの特許を獲得ししだい、ＩＢＭはコンピュータの特許権使用料としてまず一一〇万ドルを払い、その後は八年間で一千万ドルを支払うことになった。

これはとんでもないことだった。ＩＢＭ同様、ベル研究所もその特許の正当性には異議を申し立てていた。ＩＢＭは、モークリーの古い友人、ジョン・Ｖ・アタナソフを探し出し、アイオワを訪問したときにモークリーがアタナソフのアイデアを探り出した可能性を調査するところまでいっていたの

だが、特許の相互使用契約を結ぶと、IBMはその調査を中止してしまった。一九六二年、アメリカ地方判事のアーチー・ドウソンは、米国電話電信会社（AT&T）が〝先行する公的利用〟の証拠を提出できなかったとして、エッカートとモークリーの主張を支持。これで道が開かれ、一九六四年、ENIACの特許が認められた。

スペリーは特許を手にすると、今度は攻撃の銃口を六人の小人たちへと転じた。一九六七年、ハネウェル社からの特許使用料をめぐる交渉が暗礁に乗り上げると、両社は互いに相手を訴え、とにかく先に訴えを起こそうと別々の裁判所へ、文字通り駆け込んだ。スペリーは、ハネウェルが特許権を侵害したとして特許訴訟が日常茶飯事のワシントン市で訴えを起こし、一方ハネウェルも自社の本拠地ミネアポリスでスペリーを訴えた。

ハネウェルは、スペリーが要求しているのは「差別的特許使用料」であり、IBMと交わした都合のいい特許の相互使用契約を盾にコンピュータ業界に「事実上の独占状態」を作り上げたと主張。ミネソタでのハネウェルの訴えは、スペリーがワシントンで起こした特許権侵害の訴えよりも十五分早く受理されていた。コロンビア特別区の巡回裁判所は、こちらの審理予定の方がミネアポリスの審理予定よりもつまっているとして、その両方を合わせた訴訟を進んでミネアポリスの裁判所に委ねてしまった（ミネソタ州ではもう一社、ウィリアム・ノリスのコントロール・データ社もスペリーを訴えていたが、まずはハネウェルの訴訟を先に審理することになった）。

いくら地元の強みがあるにしても、すでに一度連邦裁判所で認められているENIACの特許に対する異議申し立てが苦戦を強いられることは、ハネウェルも承知していた。新たな攻撃手段を見つけでもしない限り、他の裁判所の裁定を破棄する判事を見つけることは、まず不可能と思われる。

そこでハネウェルは、かつて非公開となっていた特許の相互使用契約に攻撃手段を見つけられるのではないか、と考えた。ＩＢＭはＥＮＩＡＣの特許権に千百十万ドルしか支払っていないのに、いまやスペリーはハネウェルに二千万ドルを要求していた。ＩＢＭのコンピュータの売上げは、ハネウェルの売上げの十六倍もあるのにである。スペリー・ランドは六人の小人たちから合計一億五千万ドルをとろうとしていたが、コンピュータ市場では六社全部を合わせてもＩＢＭの市場規模の三分の一にも満たない。この訴訟での唯一の問題は、ＩＢＭが契約を交わしたのが一九五六年という点だった。このときはすでに一九六七年で、判事は十中八九、時効成立の裁定を下すと思われた。ハネウェルは、ＥＮＩＡＣの特許の正当性を揺るがす何か新しい証拠、すなわちエッカートとモークリーの信用を傷付ける何らかの事実を見つけなければならないのだ。

ハネウェル訴訟の新たな武器

だが、ハネウェルの弁護士団はラッキーだった。偶然にもハネウェルの特許部門の弁護士、ヘンリー・Ｌ・ハンソンのクラスメートに、アイオワ州立大学の電気工学部出身者Ｒ・Ｋ・リチャーズがいたのだ。彼は、あまり世間には知られていないコンピュータ開発についての本を著していたのだが、その中でモークリーの古い友人であるアイオワ州立大学のジョン・アタナソフについて触れていた。ハンソンが、その本のことをこの訴訟のためにハネウェルが雇っていたワシントンの弁護士たちに話すと、彼らはアイオワ州立大学の力を借りてアタナソフを探し出した。何とも偶然なことに、彼はワシントンの郊外、その弁護士たちのオフィスからほんの数分のところにいた。

アタナソフは、ハネウェルにとっては完璧な証人だった。モークリーとアタナソフの共同研究は文書で残されていたうえ、遠目には彼のマシンとＥＮＩＡＣは同類のものに見えた。さらに都合のいいことに、アタナソフは自分の利益を守るための行動をそれまで何ひとつ起こしていなかったため、裁判所がスペリーの特許を無効にする理由を探したとしても、アタナソフがハネウェルに害を及ぼすことはない。アタナソフ自身が特許を要求することはできないからだ。その特許をスペリーから取り上げてほかの者に与え、それまでの長い歴史を反古にして、誕生間もないこの業界に再び同じ刃を突きつけることは、判事としてもしたくないはずだ。しかしアタナソフならば、判事はその特許を無効にするためだけに、彼を使うことができる。最初の裁判では、アタナソフの名前は出ていなかった。彼のことを出す前に、ＩＢＭが和解してしまったからだ。したがって、ミネアポリスの判事は新事実に基づいて以前の裁定を破棄することができる。これは、最初の判事の裁定が間違っていたと宣言するよりは、ずっと好ましいはずだ。

ジョン・Ｖ・アタナソフは、アイオワ州立大学で数年間、クリフォード・ベリーという大学院生とともにコンピュータに取り組んでいた。一九三〇年代の終わり、資金調達のために彼はアイデアをIBMにもち込んだが相手にされず、そのあとはMITやベル研究所にも相談をもちかけていた。また、一九四一年にモークリーがアイオワ州立大学を訪ねる前に、アタナソフはすでにワシントンの米国特許局を訪れており、シカゴの特許弁護士も雇っていた。そのうえ、一九四一年一月十五日付けの『デモイン・トリビューン』紙の「記憶する機械」と見出しがついた記事には、彼が写真入りで取り上げられてさえいた。

アイオワ州エイムズ――これまでのどの機械よりも、人間の脳に似た働きをするといわれる電子計算機が、アイオワ州立大学の物理学教授ジョン・V・アタナソフ博士によって構築されている。

しかしアタナソフは、第二次世界大戦中、海軍兵器研究所で働くためにワシントンへと移り、このプロジェクトを放棄してしまった。戦後も彼は研究所に残ってさまざまな国防プロジェクトに携わり、その後独立してコンサルティング会社を設立した。最終的に彼はその会社をエアロジェット・ゼネラルに売却し、一九六七年にハネウェルの弁護士たちが彼を訪ねたときには、すでに引退した百万長者となっていた。

ENIACの特許は、全部修正され改訂されたときには一四八もの特許申請がある、広範な文書だった。そこには、ENIACは「最初の汎用性をもった自動電子デジタル計算機である」と書かれている。アタナソフの機械は専用目的の機械で、一種類の問題しか解くことができなかったから、この文言はアタナソフ側からのいかなる対立請求に対しても防御手段となった。しかし一九六四年に、ついに特許が交付されたとき、特許に帰することはシステムについての――コンピュータそのものの――権利だった。拡大解釈すれば、ＥＮＩＡＣの特許はあぶない。アタナソフは〝コンピュータ〟をつくり、エッカートとモークリーも〝コンピュータ〟をつくったということになる。どちらが先か。アタナソフである。

二つの機械は、もちろんまったく違う。自転車と自動車ほどの違いがあるが、自転車も自動車も車輪付きの輸送手段ではある。基礎設計に関して言えば、二つの機械は正反対だ。アタナソフ機は直列処理マシンとして設計され、情報は一方向から直線的にしか進まない。ＥＮＩＡＣは並列処理マシンであり、数字および命令は多方向からきて機械をかけめぐり、一度にいくつもの計算が行われる。ＥＮＩＡＣはプログラムできるが、アタナソフ機はできない。コンピュータのシステムを比べるとき、そこが最大の基本的な違いである。アタナソフ機はデータを見分けることをせず、結果がどうであれ、とぼとぼ前進するだけで、コンピュータというより計算器に近い。条件分岐を使って問題を解決する能力はＥＮＩＡＣだけにある――「If… then（もし……ならば……）」という命令文である。ＥＮＩＡＣではひとつの計算結果が出ると自動的に次につなげられるのに対し、アタナソフ機では一度にひとつの結果をはじき出すことしかできない。中間結果は手を使って機械の始めにもどし、改めて送り込まなければならない。

「そこがアタナソフ機の欠点だよ」アタナソフが再び姿を現してからのち、モークリーが言った。「手を止め、やったところすべてにボタンの穴を開けなければならない。特殊目的にしか使えないというだけではなく、人間が歩く速さ程度でしか進まない」

二つの機械は構造もまったく違うものだった。ＥＮＩＡＣには操作を統制する時計がついていた。アタナソフ機には時計はなく内部操作の調整はできない。問題が設定されたら、ひたすら最終目的地に向かうだけの、制御不能の汽車のように突き進む。アタナソフは二進法に改造したが、ＥＮＩＡＣは十進法を採用している。二機は回路上異なるロジックを採用している。ＥＮＩＡＣにはエッカートが使用済みの真空管を切り換えスイッチに使うことを思いついた新しい〝計数回路〟があった。アタナソフ機は、真空管内に蓄積された電圧を計測した。ＥＮＩＡＣは数字をアキュムレータに記憶させたが、アキュムレータそのものも計算機能を果たしたのに対し、アタナソフ機にはコンデンサといっしょに回転式ドラムがしまわれており、コンデンサからの充電で数字を記憶した。

このドラムこそ、アタナソフ機の肝心なところである。関係者全員の意見が一致するところでは、モークリーがはじめ興味を引かれたのは、最初の出会いでアタナソフが自分のコンピュータを作るには金がかからないと言ったことだった。モークリーは何か気象問題の解決に役立つものがあればと思っており、複雑な方程式を解くための速いスピードを得るには真空管を使う必要があると考えていた。

しかし、大きな機械に真空管を使えば、とても高すぎて自分一人では手に負えないこともわかっていた。アタナソフはモークリーに、自分は真空管を使って安くできたと言った。実際のところは、彼はコンデンサを使っていて、コンデンサは安いし、真空管はほとんど増幅器としてマシンの中にほんの少ししか使われていなかった。この設計上の問題点は、コンデンサは処理速度が遅いという点だ。真空管のスピードには比べようもない。だからモークリーの目的にはそわなかった。アタナソフの自転車には内燃機関がなかった。モークリーが欲しかったのは、四輪で八シリンダーの、力のあるマシンだったのだ。実際に、モークリーはアタナソフにフリップフロップと計数回路を使ってみるよう勧めたとあとで述べているが、うまくいかなかった。

結果的には、二つの機械には天と地ほどの開きがある。ENIACは猛烈な速さで、毎秒十万サイクルの作動。アタナソフ機はメモリ・ドラムの回転に限界があり、毎秒六十回転だった。

さらに、アタナソフ機は一度もフル稼働しなかった。計算部分は動いたが、コンデンサからの充電でカードに穴を焼き切って数字を記録する入出力メカニズムに問題があったと、歴史家は指摘する。黒く焦げたカードは読み取り機にかけられる。アタナソフは、さまざまな問題で一万〜十万回に一回の割合でエラーが発生したと認めている。事実、機械が一度もフル稼働しなかったので、アタナソフは特許権の申請ができなかったのだ。

「ENIACとは全然ちがいますよ。証人喚問されるまで、アタナソフなんて聞いたこともありませんでした」と、ENIACチームのエンジニアだったジャック・デイヴィスはインタビューで述べている。

ENIACはモークリーのアイオワ訪問後三年してから開発されたのだが、彼の技術的ノウハウは、エッカートと共同するようになってから急速に進歩した。それにしても、アタナソフの機械はモークリーのアイデアのきっかけになったのだろうか。ENIACはアタナソフ機が元になっているのだろうか。アタナソフはモークリーの主張に泥を塗ったが、それこそがハネウェル社のねらいだった。

裁判で対立するモークリーとアタナソフ

裁判は一九七一年六月一日、ミネアポリスにおいて、アール・ラーソン裁判官の前で始まり、同裁判官が裁判官席から評決を答申することになった。裁判官は七十七名の証人から、週四日で七カ月に及ぶ証言を聴いた。そのほかに八十名の証言録取があり、弁護士から合計三万二六五四点の証拠物件が提出されたが、その中には十九世紀のチャールズ・バベッジのことが書かれた分厚い本も含まれていた。裁判は一三五日かかり、一九七二年三月十三日にすべての証言が終わった。裁判記録は二万六六七ページにもなった。

アタナソフは自分の機械を〝アタナソフ式計算機〟と呼んでいたのだが、ハネウェル社の弁護士とともに〝アタナソフ・ベリー式コンピュータ〟または《ABC》と称するようになった。新名称はクリフォード・ベリーに配慮したもので、アタナソフは一九四一年にこのマシンから得られる特許使用料の一〇パーセントを与えることに同意。弁護士的な見方からすれば、そうすることで、アタナソフ機はシンプルだという感じがする。まるでコンピュータ第一号でもあるかのように。

ＥＮＩＡＣがＡＢＣから受け継いだものとは何か。アタナソフは、自分の機械には四つの独自のコンセプトがあると証言した。再生メモリ、論理回路、直列計算、そして二進法である。だが、ＥＮＩＡＣはメモリ形式も論理回路もまったくちがうものだった。直列ではなく並行であり、十進法が用いられていた。

要するに、ＥＮＩＡＣにはアタナソフが自分の機械の真似だとして証拠立てられるものは何もなかった。彼はＥＮＩＡＣの中でＡＢＣのものだと言える部分は特にない、とも証言している。にもかかわらず、自動電子デジタル・コンピュータという考え方そのものはＡＢＣからのものだと信じていた。なんといっても、そのコンセプトこそＥＮＩＡＣが広く主張していたものだった。モークリーが盗んだとアタナソフが主張したのは、電子デジタル・コンピュータの製造というアイデアだったのである。モークリーはアイオワに来るまではデジタル回路を思いついておらず、アナログ機械の研究だけをしていたと主張した。

モークリーはこれを否定し、アイオワに行くはるか以前から初歩的なデジタル装置を研究していたと述べた。アーサイナス・カレッジにいた当時、モークリーは稚拙なデジタル暗号機をつくり、戦前、暗号用に軍に売り込んだが、うまくゆかなかった。モークリーは鉄道遮断機の信号の形をした小型の二進計測器のようなデジタル計算回路もつくったし、また、アイオワを訪問する前に発注した真空管の領収書も持っていると述べた。真空管について照会したミシシッピ州グリーンウッドのシュープリーム・インスツルメンツ社宛ての一九二七年九月二十七日付書簡があり、同日付の他社宛ての書簡では〝エレクトリカル・カルキュレーティング・マシン〟という用語そのままを使っていた。さらに、真空管を使う〝エレクトリック・コンピューティング・マシン〟について述べた友人宛ての手紙もある。これらはみな、モークリーがアイオワへ行く前にすでにデジタル・コンピュータの考えを抱いていたことを示していた。

エンジニア仲間であるカール・チェンバースは、モークリーが「ネオン管をトリガー回路にした小型の演算装置……」をつくったことを、あるインタビューで覚えている。真空管をつかったモークリーの最初の電子回路は、何年かあとにアーサイナス・カレッジのファーラー・ホールに展示されたほどなのに、スペリー社の弁護士は裁判でこれらを提出したことは一度もなかった。

「これは天啓でもなければ、何の暗示もなく膨らんできた考えでもありません。誰かが何かをつくるというのはそういうものです。」とモークリーは証言した。

だが、ジョン・モークリーは誉められた証人ではなかった。守勢に立ち、忘れっぽかった。健康状態がすぐれずに、よくはぐらかそうとした。スペリー社の弁護士はできるだけ事細かに思い出してほしいと言ったが、おそらくモークリーにはそれさえ達せられなかった。アイオワ訪問の事実関係をあいまいに答えて、とんでもない過ちをしでかした。

初め、モークリーはアタナソフの機械のそばには九十分しかいなかったので「アタナソフ博士が何を考えているのか詳しく理解し」得なかったと述べた。実際には、数日間アタナソフといっしょだった。

モークリーは一九四一年六月十三日（の金曜日）にアイオワ州エイムズのアタナソフの家に着いた。モークリーとアタナソフは週末に研究所に行き機械を見たが、アタナソフは機械を作動させる気にならず、月曜日にクリフォード・ベリーにやらせた。ただし、機械は一部しか動いていなかった。二人はかなりの時間いっしょに過ごした。モークリーは水曜日までいたが、その日、軍が開講したペンシルヴェニア大学の夏期特別電子工学講座への参加を認められたという知らせを受けて、フィラデルフィアへ戻っていった。

アタナソフの学生たちは、モークリーは訪問期間中、腕まくりしてクリフォード・ベリーといっしょに回路のまわりをうろうろしていたと証言した。アタナソフはモークリーに機械の設計書類を読ませてもいた。

アタナソフはモークリーが、見たものに「我を忘れ」ていたと証言した。だがモークリーは、アタナソフ機をがらくたの山と呼び、大変がっかりしたと述べた。

「あれは、電子式管を使って操作する機械式装置ですが、スピードが限られており、電子式高速装置の見地からすれば、私には興味のないものでした……全体が電子で動くのではありませんでした」と述べた。アイオワへ行ったのは、一九三九年に世界博覧会へ行ったときや、ダートマス大学でのスティビッツのデモンストレーション講演を聞きに行ったときと同じ気持ちだったと証言した。スポンジのように新しいアイデアを吸収しようとしていたが、役に立つ新たなアイデアはアイオワでは見つからなかったと。そして、アタナソフ機の本質を知ったら「細部にまで興味をもつに至らなかった」と述べた。

決定的証拠なのか

この事件は二人の科学者の応酬のようになった。モークリーが本当にアタナソフの機械にのめり込み、役に立てたというアタナソフの見解を裏付けるために、弁護士は二人のあいだで交わされた何通もの手紙を使った。それらの手紙は、あとで訪問の重要性は事後のことだとするモークリーの見解とは矛盾すると映り、したがって、アタナソフの方が信用できるということになった。

二人は、モークリーが一九四〇年十二月に自作のアナログ計算機でどのようにある種の気象問題を解いたかについて講演したあとで、初めて出会った。モークリーに自分の計算機のことを話したのはアタナソフである。モークリーは一九四一年一月十五日に初めてアタナソフに手紙を出し、どのように考案したのかを尋ね、アイオワ訪問の思いが「つのっている」と書いている。この手紙における最大の関心事は、回路の経費だった。アタナソフの回路の製作費用がデジットあたり二ドルだということは「不可能に近い」と言っている。

二ドルをめぐる謎の答は、もちろん、アタナソフ機は真空管を主要電子部品として使っていないということだ。安価で簡単なコンデンサを半機械式の回転ドラムのところどころに使用していたからである。だから、モークリーががっかりしたと述べたことは、のちの手紙からは判明しないが、まったくの嘘ではないだろう。

モークリーの最初の手紙に対する返事の中で、アタナソフは助成金のためにMITに行き、そこで「米国における計算機の研究活動についてのはっきりした全体像」を把握することができたと述べている。彼はモークリーに「あらゆる計算機の種類」などたくさん尋ねたいこともあり、ぜひ訪問されたしと書いた。

手紙は何度も往復したが、モークリーは一九四一年五月に、軍の計算機に対する需要は非常に大きく、しかも、アタナソフは国防研究の関係者と相談しているのに、なぜ彼のプロジェクトが国防プロジェクトにならなかったのかと照会している。アタナソフ機の可能性を見通せる者などいなかったというのが数年後の答だが、もっともである。仮にうまくいっても、一種類の数学の問題が解けたにすぎなかっただろう。

一九四一年六月のモークリーのアイオワ訪問後にも、手紙のやり取りは続けられた。帰って来るなり、モークリーは帰りに平原で車を走らせながらたくさんのアイデアが生まれてきたと手紙に記した。「期待できそうなことがあれば、また手紙で知らせます」と。

六月二十八日、モークリーは気象学の友人H・ヘルム・クレイトン宛ての手紙にアイオワ旅行のことを書いた。「私のコンピュータ技術の原理はちがう」と述べており、証言を裏付けるものになっている。

しかし、モークリーの完敗が決定的になる一通の手紙が提出された。その手紙は「親愛なるJ・V様」で始まり、一九四一年九月三十日付だった。その中で、モークリーは裁判で決定的証拠とされるに価することを述べている。

「コンピューティング回路に関し、最近たくさんのアイデアが浮かんでくる――あなたの方法と別の方法を合体させる混合型のようなものもあるし、あなたの機械とは全然ちがうものもある。聞かせていただきたい。あなたの機械の特徴をいくらか採用したコンピュータをつくることに反対意見はないかということだが、あなたはどう思うか」とモークリーは書いている。ムーア・スクールに雇われたばかりのころ、モークリーはアタナソフの設計は「誰にも負けないものであり、……（ブッシュの微分解析機風）アタナソフ計算機をここで製作してもかまわないものだろうか」と尋ねてさえいた。

この手紙が命取りとなった。ENIACの提案書はそれから一年後のことで、新しいコンピュータ製造方式は開発されていたが、この手紙は、モークリーがアタナソフの機械との違いを主張しようとしたことを台無しにした。モークリーはみずから墓穴を掘ってしまったのだ。

モークリーは意気揚々とペンシルヴェニア大学に戻り、アタナソフのアイデアを盗んだのではない。アタナソフやほかの者へ宛てた手紙の多くには、モークリーがそれとは全然ちがう方向で仕事を始めていたことも、アイオワに行く前からデジタル電子回路のことを考えていたことも、はっきりうかがえる。それなのに、またしても九月三十日付手紙には、モークリーがABCをただの「がらくた」とは思っていないことが明確に示されていた。

同僚たちは、モークリーからアタナソフのことやアイオワ訪問のことを聞いたことは一度もないと証言した。これがまたうしろめたいと見なされた。たとえ同僚たちが、モークリーがアタナソフのことを何も言わなかったのは、役に立つことがなかったからだと言ってもだ。なぜ訪問のことを隠していたかという問いに答えられるのは、ジョン・モークリーだけだった。だが、モークリーは法廷での信用を失ってしまっていた。

なぜアタナソフの名前がENIACの特許申請になかったのか

特許法35USC第一〇一条には「新しく役に立つ……機械……もしくは新しく役に立つ機械の改良を発明または発見した者は、そのために特許権を取得することができ……特許権の対象になるものを自分で発明しなかったのでは……ない限り特許の権利を与えられるものとし……申請人は、独創的かつ最初の発明者であると宣誓しなければならない」と規定されている。

エッカートとモークリーは、コンピュータの「独創的かつ最初の」発明者ではなかったのだろうか。ハネウェル社は二人がアタナソフ機のことを明らかにしなかったのが問題であるとし、かえって共謀して隠したのだと主張した。この主張は拡大解釈であろう。とくにエッカートは、一九五三年に、ある科学誌に発表された記事の中でアタナソフのメモリ方式について述べている――リチャーズの本などにアタナソフのことが載る前のことだ。「一般に再生メモリと言われるものは、一九四二年以前にアイオワ州のアタナソフが開発したものが最初だろう。ドラムの上にたくさんのコンデンサを置いたものだったが……残念ながら戦争で開発が中断され未完成に終わった。」とエッカートは述べている。

エッカートとモークリーがＥＮＩＡＣの申請書でアタナソフに触れなかったのは、アタナソフの機械からとったものは何も――メモリ・ドラムにしろ、その他のものにしろ――なかったからだとしている。

特許権というものは油断がならない。厳しく見れば、どんなものでも、ほんのわずかではあっても、誰かの影響が見られないものはないことに気がつくだろう。知識というものは、それで成り立っている。われわれはものを知り、それを改良する。どこかで線を引き、これは新しい、目新しい、信用できる〝アイデア〟だなどと言う。モークリーは確かにアタナソフから学ぶところがあったが、回路づくりに協力したＲＣＡからも、その他の計算機からも学んでいるのだ。発明家が無知のはずはない。ＥＮＩＡＣが過去の知識と新しいアイデアとで創造された独創的な方式であることは、誰もが認めている。アタナソフは、モークリーが盗んだのは自分のアイデアだと主張しているが、理論に特許を付与することはできない。特許は実際に動くものだけに与えられる。スペリー社はこのすべてを自社に都合のいいようにとった。モークリーのアイオワ訪問が、ＥＮＩＡＣとして形作られたものをすべて無に帰してしまうことなど、あり得なかった。

裁判におけるハネウェル社の画期的なコンピュータ使用法

裁判中、よりにもよって皮肉なことがあった。ハネウェル社は事件整理の一助としてコンピュータに大きく依存していた。証言、証言録取書、証拠などについてすべてコンピュータで目録を作っていたので、弁護士は手早く証人の主張を相互参照できた。モークリーが事件について語ったとき、コンピュータは、弁護士が特定事項についての過去の矛盾する発言を即座に提出するのに役立った。情報の山から弁護士と裁判へきちんとまとめられた束にして出す、というコンピュータの画期的な利用法だった。スペリー社の弁護士はそれに度肝を抜かれた。裁判でコンピュータを使ったことは、この発明の利用およびあらゆるビジネスでの来るべき重要性を、実際に裁判官に目の当たりにして見せた——つまり、法外な特許権使用料を要求して競争させまいとするスペリー社に対して先手を打てればである。

裁判が終了して四日後、ハネウェル社はコンピュータで作成した、参考や物証が山とある五千ページもの議論の要約を法廷に提出し、やれやれと思わせた。スペリー社の弁護士は、ＥＮＩＡＣの特許権を侵害したと主張するだけの形式にそった簡潔な訴訟事件適用書を提出し、それにハネウェル社への反論を述べた三百ページの文書を添付した。するとハネウェル社からは、四百ページの形式どおりの文書とともに、さらに五千ページのプリントがどさっと提出された。

「ハネウェル社のコンピュータ化された準備書面の形式には、うんざりします。われわれは膨大な内容を取りまとめ、妥当な形式で答えようと骨を折ったのですから」スペリー社の弁護士ウィリアム・クリーヴァーは、双方がラーソン裁判官の決定を待っているあいだの一九七二年十二月の書簡でこう述べている。

裁判官の結論

ラーソン裁判官が判決を言い渡したのは、証言が終わってから約七カ月後のことだった。判決は二百ページ以上にも及んだ。裁判官は単純なやり方をとり、ＥＮＩＡＣの特許申請が提出されたのは六カ月遅く、したがって無効であるとの結論を下した。特許の申請はその発明が初めて「公に使用されて」から一年以内に提出されることとなっている。ＥＮＩＡＣの特許申請は一九四七年六月二十六日に提出されたのだが、一九四五年十二月のロスアラモスでの実験運転は公の使用に該当するとした。実験は公開されたというのではないが——最高機密だった——機械は顧客である軍に売られていたから、当然、発明者以外の人間によって操作されたことになる。機械はもはやエッカートとモークリーの〝監視〟下にはなかった。二人には機械の管理ができなくなっていたというわけである。

スペリー社は、ＥＮＩＡＣはその段階ではまだ〝実験段階〟であり、ロスアラモスでの実施は試運転にすぎないと主張した。しかし、裁判官の答は、ロスアラモスではごく普通に使用されたというものだった。その上、ＥＮＩＡＣの公開もエッカートとモークリーが書類を提出し終える一年以上も前のことだった。さらにまた、英国の科学者ダグラス・ハーティーが、一九四六年四月二十日付の『ネイチャー』誌にＥＮＩＡＣに関する論評を書いたのも、書類提出の一年以上も前だった。ハーティー自身も一九四六年にこのマシンを使用していた。しかもラーソンは、エッカートとモークリーがＥＮＩＡＣ——実際にはＵＮＩＶＡＣだが技術的には同じ——を申請前に売ろうとしていたことも、指摘した。裁判官の所見は「ＥＮＩＡＣで披露された特許申請中の発明は、決定的な期日の前に売り出されていた」というものだった。

また、ラーソン裁判官は問題ある『草稿』にも触れ、この報告書はＥＤＶＡＣを対象としているものの「ＥＮＩＡＣの授権開示」に相当すると述べた。またしてもフォン・ノイマンが浮かんできた。裁判官はこれを、ＥＮＩＡＣの特許申請に二年さかのぼる「履行期前の発表」であるとした。

ラーソン裁判管は、スペリー社についても特許申請を一九六三年に修正しようとしたとして非難した。これは「あとからの請求」——特許権の領域をふくらませ、有効期間を延長するために特許請求を拡張するもの——の一例であるとした。要するに、スペリー社はＥＮＩＡＣのもとにその範囲の事後負担分を押し込もうとし、修正で特許権の有効期間を引き延ばそうとした、と裁判官は言ったのである。「故意に独占の有効期限を延長することは、重大な憲法および特許権法の違反である」とラーソンは記した。

アタナソフについては、裁判官はモークリーよりも信用できるとの心象を抱いた。そして、モークリーがアタナソフのアイデアを横取りし、自分のものにしたとの証拠に、説得力ありと判断した。アタナソフの「実験用回路は設計の基本原理を十分に確立していた」と裁判官は言う。アタナソフを訪問する前のモークリーは「電子アナログ計算装置にあまねく関心を有していたのであって、自動電子式デジタル計算機を考えていたのではなかった」とラーソンは述べたのである。

裁判官は、モークリーがＥＮＩＡＣの初めての公開の際にアタナソフを招待したことにも、言及した。モークリーは、もちろん、海軍兵器研究所でアタナソフの顧問をしていたので、四年前にアタナソフの計算機への関心を知ったからこそ、招待状を出したと考えるのが自然だろう。ラーソン裁判官は、そうではなく、招待は大事な実力者への挨拶と解釈した。「ＥＮＩＡＣのひとつまたはそれ以上の対象事項は、アタナソフのものであり、ＥＮＩＡＣで請求された発明はアタナソフのものである。エッカートとモークリーみずからが最初に自動電子式デジタル計算機を発明したのではなく、ジョン・ヴィンセント・アタナソフ博士なる人物からそれを取ったのである」と裁判官は述べた。

エッカートとモークリーには非常に厳しい判決だった。自分たちのアイデアがフォン・ノイマンのものだとされたうえ、会社を失ったのち、二人の男はいま最後の誇りまではぎ取られてしまった。ＥＮＩＡＣでさえ自分たちのものではなくなってしまったのだ。

ラーソン裁判官の判決には、同時に多少の矛盾がある。裁判官は、エッカートとモークリーこそがＥＮＩＡＣの真の発明者であるとしながら、ＥＮＩＡＣの特許権はアタナソフの業績ではないとしている。ＥＮＩＡＣを「先駆となる業績」であると称し、また、モークリーは本心からアタナソフから何かを取ったとは思ってもいなかったのだとも述べた。また、裁判官は、ＥＮＩＡＣ開発についての日記風メモの一九四四年九月付で、モークリーは「彼の機械は非常に良い思いつきだと思ったが、部分的に機械式（電気の切換の回転整流器など）なので、私の考えていたものとは全然ちがう」とアタナソフについて述べていた、とも記している。

裁判官の判断は正しかったのか

ラーソン裁判官が正しかったのか誤りだったのかについて、コンピュータ史の研究者のあいだでは議論の的になってきた。だが、二四八ページから成る裁判官の決定の主旨は見落とされ、誤解されている。つまるところ、訴訟はスペリー社対ハネウェル社であって、アタナソフ対モークリーではない。二人は、当時「電子データ処理（ＥＤＰ）」と呼ばれたコンピュータ分野の支配にかかわる大型ドラマの中の、小さい脇役にすぎなかったのだ。

その当時、ＩＢＭは誰彼かまわず踏みつぶす巨大な象のように見られていた。特にミネアポリスではこの状況が目立ち、ハネウェル社のみならず隣接するセントポールのコントロール・データ社も、コンピュータ産業の現状に痛烈な不満を訴えていた。ＩＢＭは一九五六年にスペリー社と秘密に結んだクロスライセンス（特許権交換による特許）を通じて、意のままにコンピュータの特許権――ENIACの特許――を独占的に使用していた。要するに、業界一位、二位の会社が、その他を締め出そうとしていたのである。この問題の方が大きかったわけで、モークリーやアタナソフの個人的な名誉の問題ではなかった。

ハネウェル社が望みを託したとおり、ラーソン裁判官は明らかにスペリー社に憤慨していた。判決の中で、一九五六年の取り引きは二社がその詳細を隠し通そうとしたものと認め、また、技術開発がこれほど重要な産業はほかになく、この産業の息の根を止めるものだったと述べた。契約は二社の〝合併〟であり、業界の九五パーセントを傘下に収めたことになるが、この〝合併〟こそは反トラスト的な規制対象から外れていた。他の業界の会社が除け者になったことから、これは事実上の独占的取り引きであると、裁判官は述べた。たとえばハネウェル社は、これらの特許を利用せずにUNIVAC機やIBM機に合う周辺機器を製造することはできなかった。商売はすべてIBMとUNIVACに合わせるか、または、設計上まったく異なるハネウェルに合わせるかしなければならない。誰もがIBMとUNIVACの安全性を選んだ。

「クロスライセンスと技術情報交換契約は合理性なき取引規制であり、IBMとスペリー・ランド社がEDP業界における立場の強化または独占の強化を狙ったもの」と裁判官は記した。スペリー・ランド社は「IBMと共謀して、ハネウェル社がIBMまたはスペリー・ランドの特許ライセンスとノウハウを利用できないような契約を結んだ」というものだった。

結局、ラーソン裁判官の真意は、コンピュータ産業を自由化してハネウェル社、コントロール・データ社など他企業にも特許ライセンスとノウハウを利用できるようにさせることだった。スペリー社とIBMとが密かに業界の独占をはかったとすれば、法的に正しい措置だ。国にとっても正しい措置だったことは明らかである。成長期にあったコンピュータ産業は、会社や行政に大きな影響を与え始めており、その開発は米国企業にとって非常に重要だった。ラーソン裁判官は競争の必要を認識していた。彼が動かなければ、スペリー社とIBMは少なくとも一九八一年——あと八年もある——まで完全な支配を握るはずだった。

しかし裁判官は、訴訟の直接的な当事者でもないスペリー社とIBMを厳しく非難することはできなかったのだ。一九五六年の両社間の契約は四年の出訴期限法に従っていたので、裁判官はそれをもとに行動することはできなかった。

では産業の自由化をどう図ればよいのか。答は簡単である。ENIACの特許を無効にすること——そして、スペリー社の仲間うちから取り上げることだ。特許権がなければ、誰でも自由にコンピュータ産業に入れる。この問題に対する非の打ち所のない回答だった。ハネウェル社の問題を解決し、スペリー社を違反で罰し、さらに〝競争〟という名の開発にとっての大きな障害を取り除いた。アタナソフもフォン・ノイマンも、ロスアラモスの実験その他すべても、ただ単にラーソン裁判官が正しい判決を下し、判決を十分説得力あるものにするための手段だった。裁判官は、ハネウェル社の損害賠償や弁護士費用を認めることさえしなかった。

以前にも同じようなことはあった。一八九五年、アメリカ人発明家ジョージ・セルデンは、アメリカにおける自動車の特許権を与えられた。セルデンから特許を譲渡された初期の数社は組合を結成して特許権を譲り受け、業界を支配しようとした。しかし、ヘンリー・フォードが特許権を認めることを拒否して訴えた。連邦裁判所は、特許は有効であるが、二サイクル・エンジンの自動車しか対象とならない、とした。その時期までにフォード車はじめほとんどの自動車は、四サイクル・エンジンを使用していたのだ。競争が起こるのは、裁判所がそうなる道を切り開いたからだった。

多くの評論家は、ラーソン裁判官は事実をすべて把握しておらず、したがってＥＮＩＡＣの特許権について判断を誤ったとか、裁判官は技術というものに無理解なので、自分がしていることを理解していない、などと評した。しかし、裁判官は自分が何をしているのか良く知っていた。独占を廃止し、コンピュータ開発を自由化して一九七〇年代、八〇年代における離陸を目指していたのだ。モークリーとエッカートは十字砲火を浴びてしまった、ただのお人好しの見物人にすぎなかった。

「裁判官はどうしてもそう決定しなければならなかったのです。というのは、ＥＮＩＡＣの特許が認められれば、コンピュータ産業の将来にまで特許による独占をしくことになったでしょうから。それに、裁判官は、ほかの人々には見えないが自分には見える一縷の望みに賭けたのだと思います。いわば、政治的、経済的、そして国の将来を見据えた判断だったと思います」ソフトウェアの先駆者であるグレイス・マレイ・ホッパーは、一九七六年のインタビューでこう述べている。

判決に対する反応

裁判官が判決を下すやいなや、アタナソフは名士になった。忘れられたコンピュータの発明家――なんと偉大な物語だろう。アタナソフに有利となった手厳しい内容の判決は、新聞記事には格好のネタだった。一九七〇年代には、ENIACは社会的関心の的ではなくなっており、コンピュータは社会で重要な道具になっていたが、アタナソフ論争の以前から、発明などどうでもよかった。ほとんどの人々はIBMが発明したのだろうと考えていた。それが発明から三十年後のいまになって、引退したへんな科学者が発明者だと宣告されるなんて。信じられない。

判決はコンピュータ科学の分野でも驚きをもって受け取られた。予想されはしたものの、意見は二分した。

ハーマン・ゴールドスタインは、いまは故人となったフォン・ノイマンの偉業を守り続けているが、コンピュータの発展史を詳細に書き、優れていると評判になった本を著した。この本の前半はENIACのことに割かれ、後半は、本人によれば、自伝的内容になっている。ゴールドスタインが言うには、アタナソフは大したことはなく、その功績は「計算処理に強い関心をもっていたもうひとりの物理学者ジョン・W・モークリーの考えに影響を及ぼしたこと」くらいだった。

かつてENIACのナンバー・スリーであったアーサー・バークスも、この騒がしい論争に足を突っ込んでいる。バークスはフォン・ノイマンとともにしばらくプリンストンにいたが、最後はそもそも哲学者として出発したミシガン大学に落ち着いた。バークスは夫妻でアタナソフを擁護する立場から、計算機史学会の会誌に一文を書き、それが最終的に『誰がコンピュータを発明したか（原題　最初の電子式コンピュータ――アタナソフ物語）』という本になった。

バークス夫妻は、モークリーがＡＢＣの基本原理を盗んだと考えているが、ＥＮＩＡＣについてはだいぶ異なり、自分とエッカートは「アタナソフがまったく関心を示さなかったので、それらの基本原理を利用してもかまわないと思った」と述べている。夫妻はさらに、エッカートとモークリーは「名誉欲も金銭欲も旺盛で、自分たちより先の発明者のことを知られたくなかったのだ」とつけ加えている。

実は、二番目の文の後半はアーサー・バークスについても言える。ＥＮＩＡＣの特許申請にあたり、バークスはＥＮＩＡＣの論理設計への自分の功績が当然報われるものと考えていた。にもかかわらず、バークス夫妻は「裁判官がアタナソフが先に発明したことを見出したことは」正しく、自分たちも、決定的に重要なアイデアがモークリーに伝わったと考えており、「アタナソフの計算機が最初の電子計算機である」と述べている。夫妻は、アタナソフ機は専用目的のもので、ＥＮＩＡＣは汎用目的だったとも述べ、この発言を言いつくろっている。

各方面からの支持はあったものの、このアタナソフ物語はすぐに消えることになる。評決はウォーターゲート事件のような騒ぎになり、国中の注目を集めたのだが、ＥＮＩＡＣは重要で良く知られているがＡＢＣはどうでもいい機械だったため、ゴールドスタインとアーサー・バークスを除くコンピュータ業界の人々は、エッカートとモークリーに味方したのである。学者たちは、コンピュータの発明者はエッカートとモークリーであると言い続けた。中でもグリスト・ブレイナードは、エッカートとモークリーのために起ち上がった。彼は、ラーソン裁判官がコンピュータを理解していず、二つの機械の相違を把握するための〝背景知識〟を十二分にもっていないのではないかとする一派のひとりだった。エッカートとモークリーは、自分たちのことをコンピュータの発明者であると言い続けたが、それはこの分野におけるたくさんの歴史的記述でも変わらない。

アイオワの記者、論争を再燃させる

裁判所の決定により、アタナソフはコンピュータの発明者ということになったが、アタナソフとその夫人は、コンピュータ分野からも世間からも、それにふさわしい扱いを受けていないのではないかと考えた。彼は巻き返しに出ることにした。

アタナソフ夫人は、学校時代の旧友で『デモイン・レジスター』紙ワシントン通信員をしている有名な記者、クラーク・モレンホフに電話をして、助言を求めた。モレンホフは、彼女の話がいいネタになると考えた。アイオワでは同州人がコンピュータの発明者であるとした判決を取りざたする者は誰もいなかった。モレンホフはその話を取材して、記事と本とを書いた。新聞記事はアイオワで大反響を呼び、『ENIAC神話の崩れた日（原題　アタナソフ――忘れられたコンピュータの父）』と題する本が一九八八年にアイオワ州立大学出版局から出版された。

　モレンホフはラーソン裁判官やアーサー・バークスよりも激しい主張をし、「モークリーはアタナソフの電子式デジタル計算機のアイデアを盗み、このコンセプトの真の発案者だと偽った」と書いていた。モレンホフは、尊敬されたがった狡い仲間にだまされた素朴なエンジニア像として、アタナソフを描いた。モークリーは「アタナソフの熱烈な支持者であり賛辞者」であるかのような甘い言葉を使ってアイオワへ行ったが、実は「アタナソフ・ベリー機のどんなアイデアでも自分のものにしてしまおうとしていたのだ」とモレンホフは書いた。その後モークリーは態度を変えてアタナソフをごまかしたというのだ。モレンホフが言うには、アタナソフは深く傷つき、ENIACの特許権に名乗りを上げることもあきらめ、特許の長い再検討の期間中も沈黙していたのである。

　モレンホフの本の中で、自殺と判断された一九六二年のクリフォード・ベリーの死についてアタナソフが非難めいた疑問を投げかけるところは、何とも異様な感じがする。モレンホフは、「ベリーの突然で不可解な死は、一九六二年に彼が再びアタナソフ・ベリー機とENIACとの関連を徹底的に調査しようと思いついたことに関係があるのではないか、とアタナソフは考えた」と書いている。

　これは、ひどいあてこすりというものだ。というのは、モレンホフの本の十六年前、一九七二年のスミソニアン協会でのインタビューで、アタナソフはベリーが死ぬ直前に深刻な鬱状態にあったことを詳しく語っているからである。ベリーは交通事故に遭い、その傷の痛みが癒えないうちに、二度目の事故が追い打ちをかけた。アタナソフはカリフォルニアの昔の学生を訪ね、落ちぶれた姿を目にした。ベリーは酒を飲み、ふさぎ込み、結婚は壊れかかり、彼は仕事にも満足していなかったと、アタナソフは述べている。ベリーは「精神科の相談相手」の世話を受けており、また「かなりの量のアルコールを飲んでいた」ということだった。ベリーはニューヨークのロングアイランドに職を得て、妻を同伴せずアメリカ大陸の端までやって来て、古いアパートに住むことになった。そのアパートで、彼はベッドの上で頭にナイロン袋をかぶった姿で発見された。自殺後、ガレージからおびただしい数の酒瓶が発見され、死んだときの血漿値は彼が中毒だったことを物語っていた。

本当のアタナソフ物語とは？

クリフォード・ベリーの死より大きい謎は、なぜアタナソフが——コンピュータの発明者は確かに自分だと考えているのなら——ハネウェル社の弁護士から接触があるまで何十年も発明のことを黙っていたかということだ。エッカートとモークリーに対して名乗りを上げなかっただけでなく、彼自身の装置を誰にも気づかせようとしなかったのは、なぜだろう。

ＥＮＩＡＣよりかなり前の一九四〇年に、アタナソフは、エッカートとモークリーのようにコンピュータの事業的な可能性について理解していた。彼は結局、自分の発明をＩＢＭにもちこんだ。自分で特許弁護士も雇っていた。一九四〇年四月六日、レミントン・ランド社に、速くて安い電子装置を備え、作表機に代わりうる「計算機械」をつくった旨の書簡さえ出している。

彼はハーヴァード大学とＭＩＴにも行き、コンピュータ関係者と知り合いになった。「アタナソフがコンピュータ技術上の貢献者として浮上してこなかったということは、常に驚きでした。こういうことは、ふつう優れたアイデアを思いついたと信じている人にはないことだからです……彼はドロップアウトしたんです。私には、なぜ彼が仕事をやめたのかわかりません」とアイザック・アウアーバックは述べている。

アタナソフは、コンピュータの仕事をやめたのは戦争のためであり、やめてほかのことをしたのだと言う。また、本当にモークリーが自分のアイデアを使ったと考えたとも言っている。アタナソフは海軍兵器研究所でモークリーとよく会っていたが、そのモークリーは彼に、ＥＮＩＡＣは秘密事項に指定されているので話せないと言ったという。だから、何年も経ってから弁護士が特許のことで彼のもとにやって来て初めて、ＥＮＩＡＣに何が使われているのかを知ったのだと。「私が最初にコンピュータを発明したなんて、考えてもいませんでした。自分の機械の価値を知っていたならば、続けていたでしょう」とアタナソフは、『ワシントン・ポスト』紙とのインタビューで述べている。

そうだろうか。

実はアタナソフには、モークリーのように、事実を歪曲するところがある。最近発見された記録によれば、アタナソフは後年認めたよりもはるかにコンピュータの仕事に関わっており、事実、ＥＮＩ

ACのこともよく知っていたことがわかる。

海軍は、最大のライバルである陸軍にコンピュータが入ると、ENIACのことを聞くやいなやコンピュータの導入を決めた。海軍はコンピュータ開発に長い経験をもつある人物に、海軍をコンピュータ時代へ導いてくれるよう依頼した。それがアタナソフだったのだ。

一九四六年二月二十七日に開かれた海軍のコンピュータに関する会議に、アタナソフが海軍兵器研究所の代表として出席したという記録がある。この会議はENIACの公開から二週間も経たないうちに開催され、議論の中心はENIACだった。アタナソフはアイオワを去ったときコンピュータから離れたと言ったが、実際には海軍兵器研究所でコンピュータ製造計画を率いることを依頼され、その経費として三〇万ドルを与えられている。ABCの資金として集めた五千ドルとは、桁外れの金額だ。

また、のちにアタナソフは、一度もENIACに近づいたことがないと言っているが、国会図書館とスミソニアン協会にある記録には、まったく反対のことが載っている。アタナソフはENIACのもとにたびたび出入りし、海軍のコンピュータ製造計画に協力してもらえるよう、相談役としてフォン・ノイマンを採用しさえした。アタナソフの代理人ロバート・D・エルボーンは、かの有名な〝ムーア・スクール・レクチャー〟に参加した。この講習は海軍兵器研究所の共催で、基本的にはENIAC型コンピュータの製造方法に関するコースだった。海軍兵器研究所でアタナソフの下で働いていたもうひとり、カルヴィン・N・ムアーズは、ムーア・スクール主催の講習における四十八の講義のうちひとつを受け持った。講義のテーマは「アタナソフ指導下でのコンピュータ開発計画」である。

それより何より、ゴールドスタインは広く行き渡った『草稿』を一部アタナソフに送ってさえいることが、国会図書館の記録からわかる。ジョン・ヴィンセント・アタナソフはコンピュータ開発の渦に深く巻き込まれており、いくらあとで反対のことを主張しても、ＥＮＩＡＣについてよく通じていたことが判明している。

さらに、一九四一年にモークリーがアタナソフに対し、コンピュータ開発の仕事に戻るためにムーア・スクールのポストに応募してみたらどうかと勧めた、一通の手紙さえ発見された（モークリーの誘いは、発案者から盗んだアイデアを隠そうとしている人間のやることとは、とうてい考えられない）。それほどの連携があったにもかかわらず、アタナソフは自分のアイデアがモークリーに使われたと主張してはいなかった。

海軍におけるアタナソフのコンピュータ計画は、失敗した。いっしょに仕事をした人々によれば、アタナソフはＥＮＩＡＣを研究したが気に入らず、もっと野心的な方向へ進んでいったという。アタナソフは、テレビ受像管を静電気貯蔵装置として使おうとした。プロジェクトがあまりに進展しないため、海軍も手を引いてしまった。まだ手を付けていない金を返すよう要求し、コンピュータ計画を別の目的に変えたのだ。のちにアタナソフは、海軍のコンピュータ計画は資金不足だったと言っている。三〇万ドルのうち一万五千ドルしか使っていなかったのにである。

〝ムーア・スクール・レクチャー〟に参加したアタナソフの代理人、ロバート・エルボーンは、一九七一年のスミソニアン協会とのインタビューで、海軍のコンピュータ・チームは自分たちの機械の構造を設計するまでにも至らなかった、と述べている。「理由はよくわかりませんが、アタナソフは設計した機械のことを私たちに話したがりませんでした。技術の変化でやり直しが必要になったのではないかと思われます。彼は私たちへの影響を恐れて、今まで通りのやり方を続けさせたのです」。ムアーズもやはりこのプロジェクトに関わっていたが、「運営の悪さが命とりになりました」と述べている。

アタナソフの当時の記憶は、まったくちがう。スミソニアンでの一九七二年のインタビューで、戦後、コンピュータ計画をやるために海軍兵器研究所を辞めることもできたが、そうしなかった。コンピュータには非常に興味があった、と言っている。「その他の話はむしろ特別です。私は一九四六年当時、自分が計算機についてやってきたことは非常に重要なことだったということに、気がついていませんでした。実際に、私が考えたコンセプトは最高の計算機技術だったということを、わかっていませんでした。私こそ最高の人間だということに気づきませんでした――厳密に言えば、一九四六年当時、私はおそらく誰よりもコンピュータ技術の原理をよく理解していたのです。歴史的には、私が考えたことは誰よりも優れていたわけですが、それに気づいていなかったのです。振り返ってみています、それがわかります」

この主張は、一九四〇年に特許弁護士を雇ったこと、IBMとレミントン・ランド社を訪ねたこと、また、豊富な予算と最高の相談役を与えられながらコンピュータの製造に失敗したことを、無視している。アタナソフの代理人エルボーンは、モークリーがＥＮＩＡＣの詳細を隠したというアタナソフの主張に、異議を唱えさえする。エルボーンは、モークリーは顧問という役目から毎週立ち寄っていて、「ENIACの進捗状況について、かなりの時間を割いて話していた」し、「彼（アタナソフ）とENIACの計画について議論していた」と語っているのだ。

アタナソフの顧問をしていたモークリーは、機械はどんな調子かと、ときどき尋ねた。だが、「彼はあまり話したがらないようだった」とモークリーは述べている。

「それも歴史のひとこまさ」

ラーソン裁判に上訴はなかった。スペリー社は百万ドル以上もの金をつぎ込んだが、反トラスト法が主眼とされたことを理解したのか、引き分けということで満足した。ENIACの特許権に手を出そうとするのは、危険な賭けであり、高くつく。エッカートとモークリーは、上訴が可能となるように特許権を取り戻したいと主張したが、スペリー社は断った。

モークリーは見るからに気落ちしていたが、エッカートはふだんと変わりなく、悔しさをじっとこらえていた。エッカートの友人のひとりは、最近のインタビューで、エッカートは裁判官が判決で意図したところをわかっていただろうし、スペリー社の重役たちと反りが合わず、事実、一九五六年のIBMとの取り引きに反対してもいたので、黙っていたのだろう、と述べた。「彼は判決がもつ産業界へのメッセージを、理解していたのでしょう。ですから、一度も上訴しなかったのです」

エッカートはみずからの運命を大きな歴史の中でとらえ、時がすべてを明らかにするまで正当な評価を受けられなかった発明家はたくさんいるということで、みずからを慰めた。自分とモークリーはエジソンやライト兄弟と同じであり、彼らの発明はその分野で最初とはいえないかもしれないが最高の発明だった、と主張した。「エジソンの前にも電球をつくった人はいたでしょうし、五年も前に製造されていました。エジソンの発明は改良された電球と、さまざまな特徴をもつ、ひとつのシステムだったのです。アタナソフの機械にはシステムはありません。私たちは優れたシステムを作り出しました。特許局の定義によれば、彼の機械は発明ではありませんが、私たちのは発明です」とエッカートは一九八〇年に歴史家ナンシー・スターンに語っている。

一九九一年にエッカートは東京で演説し、こんなふうに述べた。「アイオワのアタナソフ博士がしたことは、私に言わせれば一種のジョークです。彼がうまく動くものを作ったことは一度もありません。プログラミング・システムもありませんでした。彼は特許を申請しましたが、未完成で特許は取れないと言われたのです。特許訴訟の相手方は、混乱した裁判官にアタナソフの話を信じ込ませようとしたのだと、私は思っています。この事件とは直接関係がないのにです」

「モークリーと私は、機能の万全なコンピューティング・システムを完成させたのです。ほかにはいません。エジソンが白熱電球の発明者ならば、同じ尺度でモークリーと私がコンピュータの発明者なのは、明らかでしょう」

一方モークリーは、冷静にこの件を語ることはできなかった。彼が亡くなる少し前にビデオ撮りされたインタビューの中で、ワシントンでの計算機器協会二十周年記念祝賀会のことを述べている。アタナソフは近くのメリーランド州フレデリックに住みながら一度も出席せず、ハネウェル社の弁護士たちと会ったのも、その日が初めてだった。「彼はコンピュータ関係の大きな会合には出て来なかった。集まりには一度も顔を出したことがないのに、のちの訴訟にはいきなり姿を現したんだ」モークリーはむりやり笑顔をつくり、涙をこらえながら言った。「それも歴史のひとこまさ、と言われるかもしれんがね」

一九八九年、スミソニアン協会がアメリカ歴史博物館でコンピュータ開発の展示会の準備をしていたとき、研究者たちはエッカートとモークリーがコンピュータを発明したと表記していた。それがアイオワ州の連邦議員ニール・スミスに届き、その栄誉はアタナソフのものだと文句がついた。政治的なことを気にするスミソニアン協会は、結局その案を引っ込めた。

現在、スミソニアンの常設展示にはアタナソフの写真が〝電子式計算機の起源〟と名付けられたパイオニアたちの展示の中に混じっている。スミソニアン博物館の説明では、アタナソフは「最初の電子計算機をつくった」が、完全には作動せずに終わった専用目的の機械であるという。近くにはＥＮＩＡＣの巨大な展示があり、初めてつくられた当時のユニットが何台か置かれ、訪れた者たちの大きな関心を呼んでいる。ビデオ画像では、エッカートが誇り高くかつ細心に、驚異的な機械の創造にいたる話を詳しく語っている。

「これがＥＮＩＡＣの一部だよ」最近スミソニアン博物館を初めて見学にきた、ある旅行者が、コンピュータ通の息子に言った。「コンピュータ第一号の一部だぞ」

「歴史的なものなんだね！」少年は息を飲んだ。「誰がつくったの？」

エピローグ
あまりにも多くのものが奪われた

私たちは、いまだに天気を正確に予報することができないが、きっといつかは可能となるだろう。いつの日か、ジョン・モークリーの夢が現実のものとなっていくのだ。しかしそのときには、彼のことを憶えている人など、おそらくいまい。エッカートとモークリーが最初の本当のコンピュータを作り、最初のコンピュータ会社を設立したことを、すでにほとんどの人々が忘れているのと同じように。二人は、自分たちの発明によって富を築き上げることはなかった。エッカートとモークリーが何年もかかって受け取った金額は、それぞれ合計で二〇万～二五万ドルにすぎないのだ。エッカートのほうはもともと裕福だったものの、モークリーはつねに金に苦労していた。

モークリーは一九六〇年にスペリー・ランド社を去り、コンピュータを使った建設管理ソフトウェアを開発する会社、モークリー・アソシエイツ社を設立した。デスクトップ・コンピュータはおろか、コンパック・コンピュータ社をはじめとする企業が〝移動可能《ラガブル》な〟コンピュータの開発を始めるはるか前、すでにモークリーは自身の作った建設管理ソフトウェアの営業用に、スーツケースに入る携帯型コンピュータを製作していたのだった。

モークリーの会社は、サイエンティフィック・リソーシズという名前で知られるようになり、病院の設計にも携わるようになった。その業務の中には、健康管理におけるコンピュータの利用や、アルジェリアの製油所の管理というのもあった。しかし、パーソナル・コンピュータが誕生するのは、かなり先のことであり、コンピュータ間の通信はまだまだ難しかった。今回も、モークリーのアイデアだけが先走り過ぎて現実が伴わず、また市場もなかった。会社は、株式を公開するまでに成長したものの、それは完全に失敗に終わり、モークリーの株は紙きれ同然となってしまった。

「私は営業には向いていない」とモークリーは認める。「どうやって自分のアイデアを売ればいいのか、わかっていなかったんだ。最初のENIAC開発が陸軍に受け入れられたのは、まったくの幸運だ。戦争中で需要もあり、どういうわけかムーア・スクールにも入ることができたし、まさに時期も場所もぴったりだった。偶然の大勝負だったんだ。そのときはたまたま私が勝ち、そして世界が勝った」

モークリーの三番目の会社、ダイナトレンド社は、一九六六年に設立された。五人の従業員とリースしたIBMモデル1130で、コンピュータの応用についての高度な研究を行った。同社は、プログラムによる数値計算の下請業務を行ったが、モークリーの理想は相変わらず高かった。抵抗感や慣習にとらわれることは一切なく、電子送金のための暗号化や電子メールなどの研究に取り組む日々で

ジョン・モークリー
（ペンシルヴェニア大学図書館アネンバーグ稀覯書ライブラリ）

あった。残念なことに、これらの分野が発展していくのは、十年、二十年先のことである。彼のほかの事業と同様、ダイナトレンド社が成長することはなかった。

モークリーは、コンピューティングについてこのように語っている。「コンピュータの発展があれほど遅いとは、思いもよらなかった。はっきりとした道があり、整えられていたので、当然多くの人々がすぐに飛びついて、もっと早く発展するはずだと思っていたんだ」

コンピュータの発明者であっても、夢想するだけでは十分でなかった。ジョン・モークリーは破産した。ペンシルヴェニア州アンブラーにある家族の家と古い農場を守るため、彼は自分の土地を分割して住宅を建てる契約を開発業者と結んだ。しかし、この契約さえも順調に進むことはなく、業者は土地区分の争いに巻き込まれ、事業は遅れてしまった。かくして月日は経った。幸いにも家を残しておいたモークリーは、ラーソン判事の裁定が下ったあと頭を下げてスペリー社に戻り、一九七三年、コンサルタントとして同社に復帰したのだった。

彼がスペリー社で活躍することはあまりなかったが、コンピュータから離れることはなかった。一九七五年、TRS—80という新しいコンピュータが発売されたときには、彼はラジオシャックで最初にそれを購入した顧客のひとりだった。実際には二台持っていて、一台は一階に、もう一台は二階に置いていた。彼はよくテキサス州フォートワースに電話して、ラジオシャックの技術者と話しこんだ。ほとんど一日中、天気予報プログラムを動かすためにTRS—80を使っていたという。

モークリーの後妻であるケイ・モークリー・アントネリは言う。「夫は夢想家で、いつも新しいことを考え出していました」

事業の失敗にもかかわらず、モークリー家はフィラデルフィアの郊外で幸せな家庭生活を送った。毎週日曜日には、一家——そのときには二人の息子と五人の娘がいた——は、みんなで『ニューヨーク・タイムズ』紙のクロスワード・パズルをするのが習慣だった。食堂の壁には世界地図が貼ってあり、モークリー先生はいつも地理の講義を始めたがる。長さ十メートルもある書斎があり、本も家のいたるところにあった。

例のいざこざも、収まりそうになかった。一九七五年、グリスト・ブレイナードがふたたび論争の場に現れた。ワシントンDCで開かれた科学技術史学会での講演の中で、「ENIACプロジェクトに参加予定のほかの人間と協議の上」自分自身で最初のENIAC提案書を書いた、と主張したのだ。

モークリーとエッカート（チャールズ・バベッジ研究所）

さらに、自分のプロジェクトに従事するメンバーとして、それ以前に覚え書を書いたモークリーと、電気回路の専門家エッカートを選んだ、と述べた。これは、モークリーに対する、さらにもう一つの屈辱となってしまった。

常に健康と病気の狭間にいるようだったモークリーは、この年の終わりに脳動脈瘤を患い、長期間にわたって入院した。回復はしたものの完全ではなく、彼の恨み、特にフォン・ノイマンに対する恨みは、ますます大きくなった。一方で、アタナソフのことに触れると涙を流した。

「当時の自然発生的な事業開発の結果、いたって単純なことが捻じ曲げられ、弁護士やさまざまな目的をもった連中によって粉飾されることもあり得た」一九七七年九月二十日の日記に、モークリーはこのように書いている。

「あまりにも多くのものが奪われたのだ……」

一九八〇年一月八日、モークリーは七十二歳でこの世を去った。この知らせを聞いたエッカートは一晩中泣き明かし、葬儀のとき追悼演説を行った。葬儀に向かう途中、彼はむかむかする胃を落ち着かせるため、アンブラーのACMEストアに立ち寄って牛乳を買ったほどだった。

エッカートの二番目の妻であるジュディは言う。「二人はすばらしい仲間でした。お互いの性格は全然違いましたが、二人は心の友だったんです」

エッカートは、スペリー社の副社長の座に残っていた。彼がジュディに出会ったのは一九五七年、彼女が教会の合唱団で歌っているときだった。二人は、ペンシルヴェニア州の高級住宅地グラドワインにある、丘の上の大きな家に暮らし、ペンシルヴェニア大学のコミュニケーション大学院に名を冠せられたことで知られるアネンバーグ家とも隣人同士だった。

一九六〇年代初めごろ、エッカートは大型コンピュータをやめて、代わりに机上に置ける安い機種を生産すべきではないかと提案した。再び将来のコンピュータ利用を描き、コンピュータを使って商売の記録、決定、各種機械の管理、データ分析、商品の発送、自動会計、簿記などをやったらどうかと言ったのだ。

当時すでに、専有システムでなくオープンなプログラミング言語を使えば、顧客は売り手を自由に選べ、「顧客にとって価格を低く保てるはずだ」とエッカートは言っていた。百科事典の情報をすべて記憶できるコンピュータが出てくるだろうし、学生はコンピュータを教師にして自分たちのペースで勉強できるようになり、「教師はさらに創造的な教育に従事できるようになるだろう」と予言した。コンピュータは医学に幅広い用途ができるが、生産者は低コストで高性能の機械を提供しなければならない、と。

「これは想像力過剰なコンピュータ人間の非現実的な夢ではありません。本当のことです。コンピュータの将来に比べれば、現在なんて暗黒時代のようなものです」と一九六二年のインタビューで答えている。

だがスペリー社は聞く耳をもたず、エッカートはしだいに肩身が狭くなっていった。あれ以来会社は社名をＵＮＩＳＹＳ（ユニシス）に改め、フィラデルフィア郊外を拠点としていたが、ずけずけものを言うエッカートから権限を取り上げた。会社での彼の役割は、顧客に愛想を振りまき、スピーチをするだけになった。裁判のあとは、それさえ少なくなっていた。

エッカートは退職すると、長いあいだ足を踏み入れていなかった地下室に出入りし、新しい回路や電子機器の設計に没頭した。しょっちゅう「世の中は思いどおりにならない」とつぶやいていた。「決まって『運というヤツのせいだ……この運というヤツがなかったら……』でした」とジュディ・エッカートは思い出す。

彼はオーディオ・スピーカーにも取りつかれていた。数え切れないほど買い込んできては分解して構造を調べたり、宣伝どおりの性能を備えているかテストしたりしていた。エッカートは常に音波に魅せられていたのである――ＥＤＶＡＣのメモリは水銀漕の中の音波だった。スピーカーの状態が製造会社の謳い文句どおりでないと、例のとおり頑固なエッカートは、会社に電話をして文句を言った。「彼は、ほとんどの人は自分が何をしているかわかっていないのだ、と考えていたのです」と友人トマス・ミラーは述べている。

スピーカーをテストするため、良く手入れされた庭に穴を掘り、そこにスピーカーを置いて混信しないように周波数を測った。結果はいつも図にし、最後はどこまで耐えられるかを試すせいで、スピーカーを壊してしまった。それからおもむろに四角い芝生をもとにかぶせた。

「ある日、通りがかりの隣人が何をしているのかと尋ねたので、彼は『スピーカーのテストですよ』と答えました。その人が私に、『よく見ていられるわね』と言うので、『慣れるものよ』と答えたんですよ」とジュディは語る。

もうひとつ熱中していたのは、二〇メートル以上もあるヨット『ミス・ローラ号』に乗ることだった。ヨットには当然レーダーがあったが、調子がよくなかったので、エッカートは自分の都合のよいようにレーダーを設計し直した。ヨットの可動部分をすべて電子装置に取り換えようとしたので、波止場の倉庫は部品でいっぱいになった。

新しい電子装置が発売されるたびに手に入れ、ばらばらに分解して、どうなっているのかを調べた。トム・ミラーは一度、ビデオ・カセットデッキを貸したことがあった。数日後にエッカートは返してくれたが、返してもらって以来調子がよくないという。亡くなる少し前にエッカートはCDプレーヤーを分解し、また車でアトランティック・シティへ行ってスロット・マシンを買い、どうなっている

1964年当時のプレス・エッカート。ペンシルヴェニア大学から名誉博士号を授与された
(ペンシルヴェニア大学アーカイヴ)

のか調べようとした。

「エッカートは、わからないものはないと信じていました。あるのはコストの問題だけだと」とミラーは述べている。

エッカートは全部で八十七件の特許をもっていた。その中には、無効になったＥＮＩＡＣ特許もある。エッカートはまた、国務省の要請により、何年間もひそかに、いろいろな目的で外交旅券で出張していた。妻の話では、いつも旅仕度をしており、一九六〇年代初めのある日、アメリカがソ連から「手に入れた」コンピュータのような機械を調べてほしいと頼まれた。エッカートは何日も出たきりで、帰って来ると、ロシア人はコンピュータのことは全然わかっていない、とひとこと言った。一九六八年一月二十日、ジョンソン政権の最後の日、プレス・エッカートただひとりが、大統領から感謝のメダルを受けた。

エッカートは長年、ゴールドスタインやブレイナードといっしょに討論会などに出ることを嫌がり、ゴールドスタインとは同じ部屋になるのさえ嫌がった。だがその後も、老いた二人のパイオニアは、彼らの遺産を後生大事にしているアイルランド系の若者たちに依然として崇拝され、『巨大頭脳』というPBCの特別番組のビデオ取りで偶然はち合わせになってからは、昼食をともにした。双方の家族は驚いたが、エッカートとゴールドスタインは、憎しみを忘れて付き合うようになったのだった。

プレス・エッカートは、一九九五年六月三日、白血病で死んだ。彼の死はジョン・V・アタナソフの死から十一日後のことだった。アタナソフは九十一歳まで生きた。『ワシントン・ポスト』紙には、アタナソフの死亡記事は載ったが、エッカートのは載らなかった。

一九九六年、国によるENIAC発表五十周年の祝賀が行われた。ゴア副大統領がペンシルヴェニア大学で基調演説を行い、IBMの主催でガルリ・カスパロフとコンピュータ《ディープ・ブルー》の一回目のチェス試合が行われ、カスパロフが勝った。人間はまだ機械より優れていたが、試合は語り草になった。この催しはアイオワ州の人々を怒らせないように慎重な言葉遣いが配慮されたが、基本線は変えようがない。これはコンピュータの発明を祝う催しだったのだ。コンピュータ時代のパイオニアたちにふさわしく、偽りのない賛辞だった。

翌年、軍はコンピュータ第一号に資金を提供したことを再度アピールするために、ENIACのアバディーン設置五十周年を主催した。軍にとっては運悪く、たまたまアバディーン試験場の軍隊内のセックス・スキャンダルが重なり、司令官は国防総省へ説明に出かけて不在だった。

風が湾内にたたきつけるように吹きすさび、凍えるようなメリーランドの冬の日だった。軍隊はハーマン・ゴールドスタインに敬意を表してアバディーンを行進した。八十三歳にもなるのに、ゴールドスタインはりりしく颯爽としていた。そばにテレビカメラがあったが、カメラはゴールドスタインではなく、軍の作業着姿で行進する女性たちに向けられていた。栄誉を受ける者が軍用車の後部から軍隊を見回しながら進んでいくとき、若い兵士が〝軍歴〟を読み上げた。

ゴールドスタインは「ムーア・スクールの責任者だった」という声が響き渡った。

観覧席で毛布にくるまっているジュディ・エッカート、ケイ・モークリー・アントネリ、そして昔のENIACの仲間たちは、伸びをして、ため息と笑いを洩らした。

「彼こそ情報時代の礎を築いた者と言えましょう」兵士は高らかに叫んだ。

「ああ、いつ終わるのかしら」ケイは声を出した。

いつ終わるのか？　エッカートとモークリーに起こったことは計り知れない。二人は計算に電気が使えることを教えた。二人は最初に現在のコンピュータの定義にあてはまる作業機械を作ったのみならず、あとから出てくる機種の父としても、確固たる地位を占めている。プログラム内蔵コンセプトが初めて具体化したのは、彼らのおかげだ。二人はアメリカで初めて商業用電子デジタル・コンピュータを発明した。チェスをするIBMの《ディープ・ブルー》でさえ、エッカートとモークリーの機械の子孫なのである。

さらに重要なのは、エッカートとモークリーがコンピュータ産業の創始者であることだ。エッカート・モークリー・コンピュータ社は、世界初のコンピュータ会社であり、その創始者たちが、世界を変えるほどの新技術を打ち上げたのだった。

それほどでありながら、エッカートとモークリーは、消える寸前でちらちら明滅する灯りのような存在だった。二人の歴史はついたり消えたりの連続で、まるでフリップフロップだ。歴史における二人の役割もまた、コンピュータの発明が書き換えられ、産業が発達するにつれて、影が濃くなったり薄くなったりしてきた。だがそのうちには、ＥＮＩＡＣにつながれて明滅する灯りのように、コンピュータ技術上、永久になくならない部分になっていくだろう。

科学の基本的な前提条件として、アイデアが生まれるときには、それ以前の人間たちが施した肥料により同時に多くの場所で花開くということがある。アイザック・ニュートンは「私がほかの者より遠くを見ることができたとしたら、それは私が巨人の肩にのっていたからだ」と述べている。

コンピュータについても、同じことが言えるだろう。世界中の研究所で新しいマシンの製作が行われている。情報は耳からも目からも入り、大勢が共有するところとなる。人が行き来し、理論やアイデアは取り引きされる。一九四六年のムーア・スクール・レクチャーの開講時の講義で、ベル研究所のジョージ・スティビッツは、バベッジ、ブッシュ、そしてみずからの功績に敬意を表した。「どの発明も、それ以前の発明とすでに開発された技術の上に成り立っている」ということを彼は述べたのだった。

ＥＮＩＡＣも確かにそうだ。だが、同時にＥＮＩＡＣは独創的である。それまでのコンピュータ技術とはひと味ちがう。ＥＮＩＡＣは電気機械式計算器からアイデアをとり、それを電子的にしたものである。アキュムレータは加算器を手本にしている。ファンクション・テーブルは紙による数表の機械版だ。一世紀以上前にチャールズ・バベッジが夢に見て、世界にその青写真を描いて見せた。そして、プレス・エッカートとジョン・モークリーの二人が、コンピュータを現実のものとしたのだ。

「世界を変える人々は、歴史上二つの道の上に立つ」と、イギリスのコンピュータのパイオニア、モーリス・ウィルクスはエッカートへの賛辞を述べる。「彼らの功績の半分は過去の努力の頂点にあり、残りの半分は未来への方向を決める。これは特にエッカートにこそふさわしい。ＥＮＩＡＣは、受け継がれてきた努力の頂点にあるのだ」

しかし現在、彼らの勝利に関する言葉も評価も、ごちゃごちゃである。フィラデルフィアの三十三番街とウォルナット・ストリートの角にあるムーア・スクールの記念碑には、「世界初の電子式大型汎用デジタル・コンピュータ、ＥＮＩＡＣの生誕地」と書かれている。しかし、現代では、電子を使い、デジタルで、大型（出力）かつ汎用という条件を満たさなければ、〝コンピュータ〟ではないのである。

多くの人々がコンピュータ開発に貢献したが、エッカートとモークリーは、最終的にそのすべてを統括した者たちである。それなのにムーア・スクールの校舎にある記念碑は、そのことに触れてもいない。一九八二年、同窓会新聞『ペンシルヴェニア・ガゼット』でマーシャル・レジャーが述べているように、「ここに希望と期待はうち捨てられ、自尊心は刺し貫かれた。信頼は粉々に砕かれ、信用は盗まれたか軽んじられ、歴史は苦々しくも、うやむやにされたのだ」

こんな状況でも、モークリーはいつか記録が訂正され、彼の貢献が評価される時がくると信じていた。同時代の人々よりも歴史家の方が理解があるだろうと考えた。「歴史の人に対する見方は、変わっていく。必ずや歴史は、私やエッカートやその他多くの人間に対する見方を変えるだろう。誰が何をしたのかについて歴史の見方は変わり、私たちがコンピュータの発明において果たした役割が見直されるんだ」モークリーは亡くなる少し前のインタビューで、そう述べている。

エッカートは、日常生活がコンピュータで溢れるようになったことで、自己満足を強くしている。「世界には問題が尽きないが、コンピュータは何よりも手助けになるでしょう。コンピュータの仕事はいつも楽しく、その分野で仕事ができて幸せだったと思います」とエッカートは一九九一年の東京でのスピーチで述べた。

エッカートはそのスピーチを、マサチューセッツ州ボストン博物館でのスピーチと同じ最後の言葉で締め括った。「一生の仕事のほとんどが、一センチ角のシリコンチップに収められてしまったら、どうでしょう?」

原注

※人名や雑誌名等は、本文に出てくるもの以外は原文のままにしてある。邦訳データの詳細は巻末の参考文献リストを参照されたい。

はじめに　思考する人間のゲーム

「あのマシンには、知性があるんじゃないかと思わせるところがあったよ」ガルリ・カスパロフ。ヤニーヌ・ツニーガによる引用。ＡＰ通信一九九七年五月七日付より。

「コンピュータを発明したのは誰?」ボブ・リーヴィ、『ワシントン・ポスト』、一九九八年五月二十九日付より。

第1章　先駆者たち

「だからなんだというんだ?　人間のほうで知っていれば、かまわんじゃないか」ハーバート・ケラハー。著者によるインタビュー、一九九八年テキサス州ダラスにて。

計算機械の初期に関する優れた資料としては、特に以下の二点がある。"*The Computer from Pascal to von Neumann*" by Herman Goldstine (Princeton University Press, 1972)(『計算機の歴史、パスカルからノイマンまで』共立出版)、"*A History of Computing in the Twentieth Century*" edited by Nicholas Metropolis, Jack Howlett, and Gian-

Carlo Rota (Academic Press, 1980)。その他の重要な資料は、以下の通り。*"Bit by Bit"* by Stan Augarten, *"Computer: A History of the Information Age"* by Martin Campbell-Kelly and William Aspray, (HarperCollins, 1996)(『コンピューター200年史』海文堂出版), *"Reckoners: The Prehistory of the Digital Computer from Relays to the Stored Program Concept, 1935-1945"* by Paul E. Ceruzzi, (Greenwood Press, 1983), *"Tools for Thought"* by Howard Rheingold (Simon and Schuster, 1985)(『思考のための道具』パーソナルメディア)。

「どんなところでも……ＩＢＭのマシンが使われるようになる」ワトスン。キャンベルケリーとアスプレイによる引用。*"Computer"*(前掲書)、p.48から。

第2章　少年と夢想家

家族へのインタビューに加え、ジョン・W・モークリーの子供時代に関しては、マーシャル・レジャーによる記事(『ペンシルヴェニア・ガゼット』一九八二年十月号)ほか、いくつかの資料によった。モークリーの私文書はフィラデルフィアのペンシルヴェニア大学に所蔵されており、日記、レジュメ、書簡、家族の書類も含まれている。

「おもしろいことをしようとする人たち、それが物理学者だ」モークリー。エスター・カーによるインタビュー。ビデオ録画、一九七八年ペンシルヴェニア州アンブラーにて。

「私には、いささか頑固なところがある」同インタビュー。

「私の求めていたコースがやっとできた」同インタビュー。

プレスパー・エッカートの子供時代の資料は、仕事仲間、友人、家族へのインタビューや、エッカート家の屋根裏部屋にある私文書、遺品から、また、"*IEEE Annals of the History of Computing*" 所収のエッカートの伝記的な論文より。

「教室での彼は、いつも教師を試すような行為をしていました」ジャック・デイヴィス。著者によるインタビュー、一九九七年五月一日ペンシルヴェニア州クェイカースタウンにて。

「せっかく授業に出てきて、なぜちゃんと起きてられないのかね？」ハロルド・ペンダー。S・レイド・ウォレンによる引用。ナンシー・スターンによるインタビュー。テープ録音、ペンシルヴェニア州フィラデルフィアにて、一九七七年十月五日。ミネソタ大学チャールズ・バベッジ研究所（OH 38）。

オスキュロメータについては、ハーマン・ルコフが著書 "*From Dits to Bits: A Personal History of the Electronic Computer*" (Robotics Press, 1975) の中で詳述している。

エッカートの初の特許『光調節の方法と装置』（一九四二年五月十九日付）は、ジュディ・エッカート所有の私文書に含まれていた。

「でも、プレスはいつもロゴマーク入りの白いリンネルのシャツを着て、黒いネクタイを締めていたわ」キャスリーン・モークリー・アントネリ。著者によるインタビュー、メリーランド州アバディーンにて、一九九六年十一月十四日。

「私たちは実験台の上に座って足をブラつかせながら、ひたすら話し合った」モークリー。カーによるインタビュー。

モークリーの七ページにわたる企画書『高速真空管装置の計算への利用』と、ブレイナードが添付したメモは、フィラデルフィアのペンシルヴェニア大学公文書館で見つかった。

「（当時、）われわれの中でモークリーを信用しているものはひとりもいなかった」カール・チェンバース。ナンシー・スターンによるインタビュー。テープ録音、ペンシルヴェニア州フィラデルフィアにて、一九七七年十一月二十二日。ミネソタ大学チャールズ・バベッジ研究所（OH 7）。

第3章　着実な前進

ＥＮＩＡＣ開発にかかわる重要な記述と、初期のコンピュータ理論は、『ムーア・スクール・レクチャー』から。講義の一部はテープ録音を使い、一部はある学生の速記ノートから再構成した。

アバディーンへの旅の記述は、著者によるハーマン・ゴールドスタインへのインタビュー（メリーランド州アバディーンにて、一九九六年十一月十三日）、ゴールドスタインの著書 *"The Computer from Pascal to von Neumann"*（前掲書）、およびモークリーによるカーに対する語り直しに基づく。

「ジョンは最初からコンピュータを作ろうと考えていたわけではありませんでした」J・プレスパー・エッカート。ナンシー・スターンによるインタビュー。テープ録音、ペンシルヴェニア州フィラデルフィアにて、一九八〇年一月二十三日。ミネソタ大学チャールズ・バベッジ研究所（OH 11）。

「そんなたわごとを真剣に相手にする者などいるはずがない、とブレイナード博士はたかをくくっていた」モークリーの日記、「四四年九月十日までの状況」の項より。

「戦時中の当時、世の中はとにかく新しいアイデアをもっている人間を探していました」ライラ・バトラー。著者によるインタビュー、メリーランド州アバディーンにて、一九九七年四月二十九日。

「サイモン、ゴールドスタインに金を出してやりたまえ」ハーマン・H・ゴールドスタイン。著者によるインタビュー、メリーランド州アバディーンにて、一九九六年九月十三日。

第4章　仕事にかかる

「ゆっくりと始めたのは賢明でした」エッカート。"*Pennsylvania Triangle*"一九六二年三月号から。

「彼は話がうまく、文章も立派で、すばらしい教師でした」ジーン・バーティク、未発表回顧録。

「どんなことが行われているのか、彼にはあまりわかっていなかったんだ」デイヴィス。著者によるインタビュー。

「当初、計数回路などの重要な基本的回路は、他で作られたものを流用できると考えていた」ペンシルヴェニア大学ムーア・スクールによる"Report of a Diff. Analyzer"より。アバデーン試験場弾道研究所に送られた文書、一九四三年四月二日付。

「成功させるには、これまでの百倍の用心が必要でした」エッカート。スターンによるインタビュー。

「そんなふうに製品規格にこだわりすぎる私を、周囲は少しおかしいのじゃないかと考えていましたね」エッカート。日付不詳のビデオ画像インタビューより。アバディーン試験場の好意による。

「みんな真剣でした」ルコフ、"*From Dits to Bits*"より。

「私は彼をすごく怖れていました」バーティク、未発表回顧録。

「彼からハンダ付けをする場所を指示されなかったスタッフは、ひとりもいませんよ」チェンバース。スターンによるインタビュー。

「エッカートはこれ以上ないほど過酷な基準を設定し、例外は絶対に許さないと主張した」ゴールドスタインの著書 *"The Computer from Pascal to von Neumann"*（前掲書）p.154から。

「エッカートには中途半端ということがありませんでした」デイヴィス。著者によるインタビュー。

「アイデアを思いつくと、彼は徹底的にそれを追求し、電話をかけては何時間も話しこんでいました」ジーン・バーティク。著者によるインタビュー、メリーランド州アバディーンにて。

「彼は話好きで、アイデアの多くは人とのおしゃべりのなかから生まれているようでした」同インタビュー。

「本当に参りました」エッカート。スターンによるインタビュー。

「ジョンは突然すばらしいアイデアを思いつくと、何週間も夢中になってそれに取り組んでいました」J・プレスパー・エッカートほか。ナンシー・スターンによるインタビュー。テープ録音、ペンシルヴェニア州フィラデルフィアにて、一九八〇年一月二十三日。ミネソタ大学チャールズ・バベッジ研究所（OH 11）。

「これは屋根職人の仕事だな」キャスリーン・モークリー・アントネリ。著者によるインタビュー、ペンシルヴェニア州アンブラーにて、一九九七年四月二十九日。

「モークリーは物理学者でしたから、どんなものでも最短時間で作ることしか考えていませんでした」ハーマン・H・ゴールドスタイン。著者によるインタビュー。メリーランド州アバディーンにて、一九九六年十一月十三日。

「私はエッカートのようにはモークリーとうまくやれませんでした」同インタビュー。

「最近のエッカートとの会話から考えると、彼はPXスタッフ・メンバーとしての私の存在を貴重だと思ってくれているようだ」モークリーの日記、「四四年九月十日までの状況」の項より。

「私たちは若く、あのプロジェクトに夢中になっていました」ゴールドスタイン。著者によるインタビュー、一九九六年九月十三日。

第5章　五掛ける一〇〇〇は？

「ついにやったぞ！」レジャー、『ペンシルヴェニア・ガゼット』一九八二年十月号。

「五に一〇〇〇を掛けるだけのために、これだけの装置がいるなんて本当にびっくりしました」アントネリ。著者によるインタビュー、一九九六年十一月十四日。

「計算の答えが二〇四個の小さなランプの上に輝くのを、私たちははっきりと見たのです」エッカート。*"Pennsylvania Triangle"* 一九六二年三月号から。

「周辺のユニットには火がまわらずにすみました」ゴールドスタイン。著者によるインタビュー、一九九六年十一月十三日。

「プログラミングするにはENIACは最低だったわ」バーティク。著者によるインタビュー、メリーランド州アバディーンにて、一九九六年十一月十四日。

「あんなに刺激的な仕事は、したことがありません」バーティク。著者によるインタビュー、メリーランド州アバディーンにて、一九九七年四月二十九日。

「グリスト・ブレイナードは大変内省的な人物なのです」ウォレン。スターンによるインタビュー。

「報告書のテーマとなっている装置はわれわれが考え出したものであり、これについて一番よく知っているのはわれわれであるということから考えても、彼が故意に隠しているとしか思えない」エッカートとモークリーからウォレンへの手紙。

「私たちは、ENIACが進化した初期段階の話や、今後どのような将来が開けるかについて、よく話していました」ニコラス・C・メトロポリス。ウィリアム・アスプレイによるインタビュー。テープ録音、ニューメキシコ州ロスアラモスにて、一九八七年五月二十九日、ミネソタ大学チャールズ・バベッジ研究所（OH 135）。

ENIAC発表に関する記述は、陸軍省のプレス・リリース一九四六年二月十五日付と、ペンシルヴェニア大学の招待状およびプログラム、それにエッカート、モークリー、ゴールドスタイン出演のラジオ番組（フィラデルフィアのWCAV）の筆記録を含むペンシルヴェニア大学公文書館所蔵文書に基づく。興味深いことに、モークリーはそのラジオ番組の脚本を書いたのは自分だと言っている。

「私たちはコンピュータがもたらすであろうさまざまな効果を思い描いていた」モークリー。カーによるインタビュー。

「陸軍省は今夜、世界最速の計算機を発表し、このロボットはすべての人々の生活を向上させる数学的方法への道を開いたと語った」AP通信、一九四六年二月十四日付。*"Penn Paper"* 一九八六年二月六日付（p.3）に再録。

旧ソ連政府から引き合いがあったという話は、*"Pennsylvania Triangle"* 一九六二年三月号より。

「私たちは、何のためなのかさっぱりわからない計算をたくさんしました」ジョセフ・チャーナウ。著者によるインタビュー、ペンシルヴェニア州フィラデルフィアにて、一九九六年十一月十二日。

第6章　結局、誰のマシンだったのか？

ゴールドスタインがフォン・ノイマンに出会ったときのやりとりは、ゴールドスタインへの著者によるインタビュー、一九九六年十一月十三日に基づく。

「私は大数学者というのにうとくて、フォン・ノイマンの名前も知りませんでした」エッカート。スターンによるインタビュー。

「彼は、われわれの研究をあっという間に理解しました」エッカート。エッカートほかへのスターンによるインタビュー。

「あとで気づいたのは、製作中もいくらかはその感もあったのですが、私たちが作り上げたマシンは必要以上に複雑なものだったということです」エッカート、『ムーア・スクール・レクチャー』（一九四六年）第九巻、ミネソタ大学チャールズ・バベッジ研究所再刊シリーズ（一九八五年）より。

「きみが正しいようだ」バークスはこの話をクリストファー・エヴァンズのインタビューで語った。テープ録音、ミシガン州アン・アーバーにて、一九七六年。ミネソタ大学チャールズ・バベッジ研究所（OH 78）。

「エッカートと私が技術屋で、片や論理を考える人間と一種のスーパーマンとがいるといった分裂状態にあった」ジョン・W・モークリー。ヘンリー・S・トロップによるインタビュー。テープ録音、一九七三年一月六日。スミソニアン協会コンピュータ・オーラル・ヒストリー・コレクション、ナンバー一九六より。

「エッカートたちがEDVACのメモリをさらに詳しいものに改良すると、フォン・ノイマンは『メモリの序列』と呼び始めた」ジョン・W・モークリー。"Pioneers of Computing"（ロンドン、科学博物館）のための、クリストファー・エヴァンズによるインタビュー。テープ録音、ペンシルヴェニア州フィラデルフィア、一九七六年頃。ミネソタ大学チャールズ・バベッジ研究所（OH 26）。

「忘れもしません。あの日みながフォン・ノイマンの言うことを『正しい』と認めるのに、私だけ『ちがう』と言ったんです」バーティク。著者によるインタビュー、一九九七年四月二十九日。

「フォン・ノイマンと（エドワード・）テラーには、共通する性格があります」エッカート。エッカートほかへのスターンによるインタビュー。

『EDVACに関する報告書――草稿』の記述は、大部分がゴールドスタインへの著者によるインタビュー（一九九六年十一月十三日）と、モークリーとエッカートのテープ・インタビューに基づく。

「謄写版で印刷されたこの報告書の作成など、徹頭徹尾ゴールドスタイン的なやり方だ」モークリー。トロップによるインタビュー。

「（ゴールドスタインから）これをPYのスタッフとフォン・ノイマン博士用にだけということで、ムーア・スクールの中で謄写版で印刷できるかと尋ねられた」ウォレンの覚え書き、一九四七年四月二日付。

「まったく誉められたものではない」モークリー。カーによるインタビュー。

「一九四四年初めころエッカートとモークリーによる音響遅延線メモリ装置は、比較的少ない装置で高速の記憶能力をつくり出す方法を編み出した」ジョン・W・モークリーおよびJ・プレスパー・エッカート・ジュニア、"A Progress Report on EDVAC"（内部文書）、ペンシルヴェニア大学、一九四五年九月三十日付。

「ことの影響は重大でした」エッカート。エッカートほかへのスターンによるインタビュー。

「彼らは辛抱強く書くことができなかったのです」ウォレン。スターンによるインタビュー。

「全部が全部彼（フォン・ノイマン）のものだとは言いませんが、肝心なところはそうです」ゴールドスタイン、"*The Computer from Pascal to von Neumann*"（前掲書）p.191より。

「EDVACの報告書を公にしたことは、フォン・ノイマンにとっても私にとっても良いことだったが、エッカートとモークリーとの親しい関係は壊れてしまった」同上。

「（フォン・ノイマンは）直ちに認めました」ウィルクス、'A Tribute to Presper Eckert,' "***Communications of the ACM***" 三八巻九号（一九九五年九月）。

「彼は二枚舌を使います」エッカート。スターンによるインタビュー。

「私たちは確かにジョン・フォン・ノイマンに裏切られたと思っています」J・プレスパー・エッカート・ジュニア。基調講演、帝国ホテル（東京）、一九九一年四月十五日。

「彼（フォン・ノイマン）は与えられる評判はなんでも自分のものにした」モークリー。カーによるインタビュー。

「私も尊敬しているこの偉大な天才は、たしかに私たちを裏切ったと思われます」ウォレン。スターンによるインタビュー。

「私の知る限り、エッカートが水銀遅延線を使ったプログラム内蔵型を考えついたのです」デイヴィス。著者によるインタビュー。

「フォン・ノイマンは私たちがやっていたことに何の影響もしませんでした」ブラド・シェパード。著者による電話インタビュー、一九九七年四月三十日。

「プログラム内蔵コンセプトはフォン・ノイマンがEDVACの設計に加わる以前のものであることは明らか

である」メトロポリスおよびウォールトン、'A Trilogy of Errors in the History of Computing', "*Annals of the History of Computing*"第二巻第一号、一九八〇年一月。

「(《フォン・ノイマン型》という用語の使用は)共同発明者にとって公正さを欠くものだ」キャンベルケリーとアスプレイ"*Computer*"(前掲書)p.95より。

「ENIAC関係で発明者がいれば、また、ENIAC関連で特許申請を考えているものがあれば、そうなることを関係者に知らせるようにとの示唆があった」ポール・N・ギロン大佐からムーア・スクールへ、一九四六年四月十日。

「だいたい、ハーマンという人間は人が悪い」エッカート。エッカートほかへのスターンによるインタビュー。

「以下が列挙されていた」モークリーの日記、一九四六年一月二十日。

「大学をクビになりたくないなら特許権を大学へ引き渡すように」アーヴェン・トラヴィス。ナンシー・スターンによるインタビュー。テープ録音、一九七七年十月二十一日ペンシルヴェニア州パオリにて。ミネソタ大学チャールズ・バベッジ研究所(OH 36)。

「エッカートがのさばりすぎていて、首脳部の力が及ばなかったという感じでしたね」デイヴィス。著者によるインタビュー。

「研究は第一義的にはペンシルヴェニア大学のために行うこと。また、大学に雇用されているあいだは個人的な営利よりも大学の利益を優先させること」ハロルド・ペンダー学部長からエッカートとモークリーへの手紙、一九四六年三月二十二日付。

「あの特許に関する方針は真正直にすぎました」ウォレン。スターンによるインタビュー。

「二人（エッカートとモークリー）がいてくれたら違っていたかもしれないでしょう」ラルフ・シャワーズ。著者による電話インタビュー、一九九七年五月一日。

「彼ら（ペンシルヴェニア大学の首脳部）は実行が遅すぎた」ゴールドスタイン。著者によるインタビュー、一九九六年十一月十三日。

「私が死んでも大学には一切わたすな」エッカート。ジュディ・エッカートによる引用。著者によるインタビュー、一九九六年十一月十三日メリーランド州アバディーンにて。

第7章　二人きりの再出発

ポストＥＮＩＡＣ時代の資料は、以下の通り。ゴールドスタインへの著者によるインタビュー（一九九六年十一月十三日）、モークリーの私文書、エッカートの複数のインタビュー、アントネリの複数のインタビュー、ルコフの著書 *"From Dits to Bits"* 中の個人的な記述、それにデラウェア州ウィルミントンのハグリー・ミュージアム・アンド・ライブラリ所蔵のエレクトロニック・コントロール社およびエッカート・モークリー・コンピュータ社の社内文書。

「私はこう言ったんです」エッカート。エッカートほかへのスターンによるインタビュー。

「私たちではなくて誰かほかの人によってでも、電子式計算機の商業向け開発のなされる日が近い将来くるはずだ、と感じていた」モークリーからフレッド・ウェイランドへの個人的な手紙、一九四六年四月十五日。フィラデルフィアのペンシルヴェニア大学公文書館が所蔵するモークリー私文書の中にコピーがある。

「私たちは二人であれ（ＥＮＩＡＣ）を作ったのです」エッカート。『ムーア・スクール・レクチャー』。

「エッカート・モークリー社が早く設立できるように」メアリ・モークリーから母親への手紙。一九四六年五月三十日の消印。フィラデルフィアのペンシルヴェニア大学公文書館が所蔵するモークリー私文書の中にある。

メアリ・モークリーの溺死については、*"Philadelphia Inquirer"* 一九四六年九月九日付に詳しい。

EDVACの特許権をめぐる会議では速記録がとられた。ENIAC裁判記録の中に筆記録が残っている。

ENIAC特許　第3,120,606号、一九六四年二月四日付。"Electronic Numerical Integrator and Computer" ジョン・プレスパー・エッカート・ジュニアおよびジョン・W・モークリー、ペンシルヴェニア州フィラデルフィア。

「朝から晩まで、一から十までアイデアでした」アイザック・アウアーバック。ヘンリー・S・トロップによるインタビュー。テープ録音、一九七二年二月十七日ワシントンDCにて。スミソニアン協会コンピュータ・オーラル・ヒストリー・コレクション、ナンバー一九六、ボックス三、ファイル五より。

「呆気に取られましたね」アール・エドガー・マスターースン。ウィリアム・アスプレイとロビン・クレモンズによるインタビュー。テープ録音、一九八六年六月三十日、ミネソタ州セントルイス・パークにて。ミネソタ大学チャールズ・バベッジ研究所（OH 115）。

「エッカートは最新技術の開発を押し進めていけば、しまいにはうまくいくという信念を常にもっていました」アウアーバック。トロップによるインタビュー。

「最初に発する言葉は『あの抵抗器の数値はまちがいだ』であって、『おはよう』でも『どうだい』でもありませんでした」デイヴィス。著者によるインタビュー。

「あなたがそばにいないと人生は寂しいわ」ケイ・マクナルティからモークリーへの手紙、一九四七年九月二十四日付。モークリーの私文書中。

「エッカートとモークリーはとくに偏見がなかっただけでなく、チームが一丸となって、誰も考えもしないようなコンピュータを作ろうとしていたのです」グレイス・ホッパー。ミネソタ大学チャールズ・バベッジ研究所（OH 81）のためのインタビュー、一九七六年頃、テープ録音。

「われわれが甘んじている現状について考えれば考えるほど、必要な決断が遅いためになんと多くの貴重な時間が失われているかがわかる」モークリーからEMCC社員へのメモ、一九四八年二月五日。デラウェア州ウィルミントンのハグリー・ミュージアム・アンド・ライブラリ所蔵のスペリー・ユニバック社記録、受け入れ番号一八二五、ボックス一、サブシリーズI。

「販売の才に長けたセールスマンがいなかったのですよ」ブラド・シェパード。著者によるインタビュー。

「いっしょにこの契約交渉を手伝ってくれないか」アイザック・アウアーバック。ナンシー・スターンによるインタビュー。テープ録音、一九七八年四月十日。ミネソタ大学チャールズ・バベッジ研究所（OH 2）。

「契約およびその背景を徹底的に調べてみると、こんなバカな人もいるのかと呆れました」マーガレット・フォックス。ジェイムズ・ロスによるインタビュー。テープ録音、ミネソタ州ミネアポリスにて、一九八三年四月十三日。ミネソタ大学チャールズ・バベッジ研究所（OH 49）。

「文字どおり、チョークと黒板消しが部屋の中を飛んでいきましたよ」アウアーバック。スターンによるインタビュー。

「その仕事量たるや、とにかくものすごかった」デイヴィス。著者によるインタビュー。

「個人的な恨みだけですよ」アウアーバック。スターンによるインタビュー。

「ニュージャージー州ワイルドウッドでモークリーと妻が月夜に水泳をしていた最中、妻が不審な溺死をとげたこと」モークリーのＦＢＩ文書。Augartenの著書"*Bit by Bit*"（前掲書）所収。

「本当のところは、マシンがフィラデルフィアを出てから仕事の機会は一度も与えられなかったということだった」モークリーがラジオシャックのＴＲＳ－８０コンピュータについて、ワシントン州オリンピアのデニス・クーパーへ宛てて書いた手紙。一九七八年三月二十二日付。

「（モークリーは）ひょろっとしていて、服装はだらしなく、人を小馬鹿にしたような話し方をする人物」トマス・ワトスン・ジュニアとピーター・ペトル共著"*Father and Son & Co.*"（『ＩＢＭの息子』）、p.198より。

「あれは大手柄だったね」モークリー。カーによるインタビュー。

「（コンピュータの設計と製造にかかわる人物を見せても）その番組では、関心をもたれない」エッカートの"Review of the History of Computing"と題したスピーチ原稿、p.4より。日付不詳。ジュディ・エッカートの好意による。

「エッカートは非常に頭が切れ、積極的で、仕事熱心でした」チュアン・チュー。著者による電話インタビュー、一九九七年五月十日。

第8章　結局、誰のアイデアだったのか？

このこまごまとした訴訟のひとつの副産物は、初期の資料のほとんどが保存されたばかりでなく、完璧な情報源として、まとまりもしたということだ。この文書類は、ＥＮＩＡＣ論争の貴重な記録とも、初期のコンピュータ開発の貴重な記録ともなっている。訴訟から生まれた文書や記録の保管場所は、現時点で三カ所。ミネアポリスのチャールズ・バベッジ研究所、フィラデルフィアのペンシルヴェニア大学、そしてデラウェア州ウィルミントンのハグリー・ミュージアム・アンド・ライブラリである。なおハグリー・コレクションは、エッカート・モークリー・コンピュータ社の記録を含むスペリー・ユニバック社創立当初の記録も所蔵している。

「私は『何てことだ、こっちが軍部の計算機に取り組んでいる間に、UNIVACはちゃっかり民間のビジネスをかっさらいはじめた！』と思った」ワトスン・ジュニア、"*Father and Son & Co.*"（前掲書）p.227より。

ジョン・V・アタナソフは、IBMやレミントン・ランド社への売り込み、米国特許局訪問、シカゴの特許弁護士との仕事について、ヘンリー・S・トロップによるインタビューで詳しく語っている。テープ録音、一九七二年二月十八日ワシントンDCにて。スミソニアン協会コンピュータ・オーラル・ヒストリー・コレクション、ナンバー一九六、ボックス二、ファイル七、九、十二。

「記憶する機械」、『デモイン・トリビューン』一九四一年一月十五日付。この記事は、「二支部、ビルボードに抗議」、「麻痺への援助総額一四九〇ドル」という見出しの至急報のとなりで、紙面の奥にひっこんでいる。フィラデルフィアのペンシルヴェニア大学公文書館がコピー所蔵。

「（ENIACは）最初の汎用性をもった自動電子デジタル計算機である」ENIAC特許、パラグラフ八。

「そこがアタナソフ機の欠点だよ」モークリー。カーによるインタビュー。

「（モークリーが）ネオン管をトリガー回路にした小型の演算装置……（をつくった）」チェンバース。スターンによるインタビュー。

「これは天啓でもなければ、何の暗示もなく膨らんできた考えでもありません」モークリーの証言。ハネウェル社の弁護士ヘンリー・ハラデイの質問に答えて。

「アタナソフ博士が何を考えているのか詳しく理解し（得なかった）」モークリーの証言。

「あれは、電子式管を使って操作する機械式装置ですが、スピードが限られており、電子式高速装置の見地からすれば、私には興味のないものでした」モークリーの証言、裁判録一一八二九頁～一一八三〇頁。

「細部にまで興味をもつに至らなかった」モークリーの証言。

モークリーとアタナソフのあいだで交わされた手紙は、ペンシルヴェニア大学公文書館、モークリーの書類コレクション、ハグリー所蔵の裁判記録など、いくつかの情報源で確認することができる。

「一般に再生メモリと言われるものは、一九四二年以前にアイオワ州のアタナソフが開発したものが最初だろう」J・プレスパー・エッカート・ジュニア。'A Survey of Digital Computer Memory Systems,' "*Proceedings of the Institute of Radio Engineers*" 四一号（一九五三年十月）一九三四―一四〇六。

「ハネウェル社のコンピュータ化された準備書面の形式には、うんざりします」ウィリアム・E・クリーヴァーからバーティクへの手紙。一九七二年十二月十四日付。

「ENIACで披露された特許申請中の発明は、決定的な期日の前に売り出されていた」ラーソン。'Findings of Fact, Conclusions of Law and Order for Judgment'、ENIAC裁判記録「ハネウェル社対スペリー・ランド社他」、ナンバー四―六七、民事一三八評決二・一。

「故意に独占の有効期限を延長することは、重大な憲法および特許権法の違反である」同上。

「ENIACのひとつまたはそれ以上の対象事項は……」同上、評決三・一。

「クロスライセンスと技術情報交換契約は合理性なき取引規制であり、……」同上、評決一五―二五。

「裁判官はどうしてもそう決定しなければならなかったのです」ホッパーへのインタビュー。

「（アタナソフの功績は）計算処理に強い関心をもっていたもうひとりの物理学者ジョン・W・モークリーの

考えに影響を及ぼしたこと（くらいだった）」ゴールドスタイン。*"The Computer from Pascal to von Neumann"*（前掲書）。

「（モークリーとエッカートは）アタナソフがまったく関心を示さなかったので、それらの基本原理を利用してもかまわないと思った」バークス夫妻の著書 *"The First Electronic Computer: The Atanasoff Story"*（『誰がコンピュータを発明したか』工業調査会）。

「モークリーはアタナソフの電子式デジタル計算機のアイデアを盗み、このコンセプトの真の発案者だと偽った」モレンホフの著書 *"Atanasoff: Forgotten Father of the Computer,"* p. 4（『ＥＮＩＡＣ神話の崩れた日』、工業調査会）。

「ベリーの突然で不可解な死は、一九六二年に彼が再びアタナソフ・ベリー機と……とアタナソフは考えた」同上、p. 233.

「アタナソフがコンピュータ技術上の貢献者として浮上してこなかったということは、常に驚きでした」アウアーバック。トロップによるインタビューで。

「私が最初にコンピュータを発明したなんて、考えてもいませんでした」『ワシントン・ポスト』でのアタナソフの発言。一九七四年一月十三日付、W. David Gardner記。

アタナソフが海軍省の三一一六号室で開かれた海軍コンピュータ会議に出席したことは、モークリーの当日（一九四六年一月二十七日）の日記に記され、ペンシルヴェニア大学公文書館にあるモークリー書類コレクションに収められている。ヴァン・ペルト（Van Pelt）ライブラリ、シリーズ二、ボックスB、フォルダー一〇a。

アタナソフが三〇万ドルの予算を与えられて海軍コンピュータ計画に失敗したということは、カルヴィン・ムアーズの「ムーア・スクール・レクチャー」に関する記録に記されている。国会図書館所蔵の「ムーア・スクール・レクチャー」に関する記録にはまた、ムアーズが講義を受け持ちエルボーンが出席したことも記されている。

一九七二年のスミソニアン協会におけるインタビューで、アタナソフは、海軍のコンピュータ計画は資金不足だったと言った。

「理由はよくわかりませんが……」ロバート・D・エルボーン。リチャード・R・マーツによるインタビュー、テープ録音、一九七一年三月二十三日。スミソニアン協会コンピュータ・オーラル・ヒストリー・コレクション、ナンバー一九六、ボックス六、ファイル一〇五より。

「(海軍コンピュータ計画は)運営の悪さが命とりになりました」ムアーズ。『ムーア・スクール・レクチャー』(一九四六年)の編集者に。ミネソタ大学チャールズ・バベッジ研究所再刊シリーズより。ムアーズによれば、モークリーはムアーズのためにアタナソフの海軍兵器研究所プロジェクトに関する講義をアレンジしたという。

「コンピュータには非常に興味があった」ボニー・カプランによるアタナソフへのインタビュー。テープ録音、ワシントンDCにて、一九七二年七月十七日。スミソニアン協会コンピュータ・オーラル・ヒストリー・コレクション、ナンバー一九六、ボックス二、ファイル十四より。

「ENIACの進捗状況について、かなりの時間を割いて話していた」エルボーン。マールによるインタビュー。

「彼はあまり話したがらないようだった」モークリー。カーによるインタビュー。

「エジソンの前にも電球をつくった人はいたでしょう」エッカート。スターンによるインタビュー。

「アイオワのアタナソフ博士がしたことは、私に言わせれば一種のジョークです」東京におけるスピーチ。

「彼はコンピュータ関係の大きな会合には出て来なかった」モークリー。カーによるインタビュー。

エピローグ　あまりにも多くのものが奪われた

「私は営業には向いていない」モークリー。"*Sperry UNIVAC News*" 第四巻第三号（一九八〇年二月）。

モークリーは、コンピューティングについてこのように語っている。「コンピュータの発展があれほど遅いとは、思いもよらなかった。はっきりとした道があり、整えられていたので、当然多くの人々がすぐに飛びついて、もっと早く発展するはずだと思っていたんだ」モークリー。エヴァンスによるインタビュー。

「夫は夢想家で、いつも新しいことを考え出していました」アントネリ。著者によるインタビュー、一九九七年四月二十九日。

「[ENIACプロジェクトに参加予定の]ほかの人間と協議の上[(ブレイナードが)自分自身で最初のENIAC提案書を書いた]」グリスト・ブレイナード。科学技術史学会の講演テキスト。一九七五年十月十七日、ワシントンDCにて。ペンシルヴェニア大学公文書館所蔵。

「当時の自然発生的な事業開発の結果、いたって単純なことが捻じ曲げられ、弁護士やさまざまな目的をもった連中によって粉飾されることもあり得た」モークリーの日記。一九七七年九月二十日。

「二人はすばらしい仲間でした。お互いの性格は全然違いましたが、二人は心の友だったんです」エッカート。著者によるインタビュー、一九九六年十一月十三日。

「教師はさらに創造的な教育に従事できるようになるだろう」エッカート。"*Pennsylvania Triangle*" 一九六二年三月号のインタビューで。

「これは想像力過剰なコンピュータ人間の非現実的な夢ではありません。本当のことです。コンピュータの将来に比べれば、現在なんて暗黒時代のようなものです」同上。

「ある日、通りがかりの隣人が何をしているのかと尋ねたので、彼は『スピーカーのテストですよ』と答えました。その人が私に、『よく見ていられるわね』と言うので、『慣れるものよ』と答えたんですよ」エッカート。著者によるインタビュー、一九九七年四月二十八日。

「エッカートは、わからないものはないと信じていました。あるのはコストの問題だけだと」トマス・ミラー。著者によるインタビュー。ペンシルヴェニア州グラドワインにて、一九九七年四月二十八日。

「世界を変える人々は、歴史上二つの道の上に立つ」ウィルクス。"A Tribute to Presper Eckert"（前掲）より。

「ここに希望と期待はうち捨てられ、自尊心は刺し貫かれた。信頼は粉々に砕かれ、信用は盗まれたか軽んじられ、歴史は苦々しくも、うやむやにされたのだ」レジャー。『ペンシルヴェニア・ガゼット』。

「歴史の人に対する見方は、変わっていく。必ずや歴史は、私やエッカートやその他多くの人間に対する見方を変えるだろう。誰が何をしたのかについて歴史の見方は変わり、私たちがコンピュータの発明において果たした役割が見直されるんだ」モークリー。*"Sperry UNIVAC News"*

「世界には問題が尽きないが、コンピュータは何よりも手助けになるでしょう。コンピュータの仕事はいつも楽しく、その分野で仕事ができて幸せだったと思います」エッカート。東京でのスピーチ。

謝辞

本書は、ここに書かれたテーマの重要性を認識している人たちの、熱意のたまものである。その協力と援助なくしては、この本は決して生まれなかったことだろう。

まず第一に、本書のアイデアを生んだナンシー・ミラーと、それを私のところに持ち込んでくれたキャロル・マンに、感謝の意を捧げたい。また、原稿をよりよくするために協力してくれた、根気よく思慮深い編集者ジャッキー・ジョンスンと、指示灯の役目をはたしてくれたジョージ・ギブスンにも。

ジーン・バーティクは情報の泉にしてエネルギーの塊であり、調査と執筆のあいだ、何度も私を刺激してくれた。彼女は全米に散らばるＥＮＩＡＣ開発当事者たちを追跡し、私と結びつける作業もしてくれたのだ。キャスリーン・モークリー・アントネリとジュディ・エッカートの二人は、情熱をたやさぬすばらしい情報源として、自宅の屋根裏部屋や地下室、そして自分たちの思い出を、私に公開してくれた。ハーマン・ゴールドスタインもまた、歴史に対する深い洞察力をもって、私の調査に根気よく協力してくれた。

エスター・カーは、ジョン・モークリーの死の直前に彼女が行なった、十二時間以上にわたるインタビューのビデオテープを、見せてくれた。このビデオは残念ながら彼女の貸金庫に眠っているが、ほんとうの宝物と言えよう。この本の出版によって、公開されるチャンスが増えるのではないだろうか。

エッカート一家と親しいトム・ミラーは、エッカート文書のまとめ役になり、歴史の断片の並べ替えに力を発揮してくれた。

キャシー・クレイマンは、ＥＮＩＡＣをプログラミングした女性たちのすばらしいドキュメンタリー・フィルム作りに着手した人物で、私の調査にとって大いなる助けとなってくれた。彼女の映画は、コンピュータの歴史だけでなく女性史にとっても、きわめて重要なものになることだろう。

四つの主要な研究所の公文書係や司書、歴史研究者の方たちからも、計り知れないほどの協力と助言をいただいた。ミネアポリスにあるチャールズ・バベッジ研究所の、ブルース・ブルーマーとケヴィン・コービット。フィラデルフィアにあるペンシルヴェニア大学の、ポール・シェファーとマーク・フレイジア・ロイド、ゲイル・ピエトリク。ワシントンＤＣにあるスミソニアン協会の、ポール・セルッジとアリスン・オズワルド。そしてデラウェア州ウィルミントンにあるハグリー・ミュージアム・アンド・ライブラリの、マージャリー・マクフィンチといった面々である。

また、私の友人や同僚たちも、貴重な情報源であり、支援者だった。トム・ペッツニンガー・ジュニア、ロブ・トムショー、そしてサム・ハウ・ヴァーホヴェクに、感謝を。『ウォール・ストリート・ジャーナル』のポール・ステイガーとダン・ハーツバーグ、ジム・ペンシエロに対しては、私の必要とする時間をつくりだしてくれたことに、感謝したい。

ブラド・ブルーメンサルは、このプロジェクトが始動する助けとなってくれたほか、インターネットの豊富な情報源を探ることで、私を正しい方向へ導いてくれた。彼のコンピュータに関する能力と、それに基づいた助言は、大いなる助けとなった。また彼とリン・ブルーメンサルが、草稿をチェックしてくれたことにも、感謝を。友人であり指導役であるタッド・バーティマスは、今回もまた手助けしてくれた。

そしていつものことながら、妻のカレンの知恵と編集能力にも頼らせてもらった。毎度のことながら彼女は、『クマのプーさん』でさえ初めのページからああいうかたちで書かれたわけではないということを、私に思い出させなければならなかったのだ。この本は共同作業のたまものである。さまざまなページに、彼女のすばらしい能力が反映されているのだから。

訳者あとがき

人間の歴史は「発明・発見」の歴史でもあるが、どんなに時代が進もうとも、「誰が最初に発明したか（造ったか）」ということに関する争いは、なくならない。むしろ、テクノロジーの産物がどんどん複雑になり（つまり、どの段階をもってその製品が完成したかがはっきりしなくなり）、その創造に関連する人間が多くなるにつれ、そうしたトラブルは増えていく傾向にあるだろう。

賢明な読者であれば、どちらが最初の発明かという論議において大切なのは、その発明品の定義なのだということを、おわかりと思う。「世界最初のコンピュータ」に関する議論にしても、何をもって「コンピュータ」と言うのかをはっきりさせなければ、意味がない。しかし、裁判官（および陪審員）がそのテクノロジーに精通している保証はないわけだし、事が特許や企業間戦争や政治がらみになれば、さまざまな思惑が影響してくることも、これまた避けられないわけである。

本書はそうした論争の蒸し返しを目的とするわけではないし、かといってＥＮＩＡＣのアーキテクチャを語るものでもない。エッカートとモークリーという二人の興味深い人物を中心に、人間ドラマを物語ることを主眼としているのだ。コンピュータを創っただけでなく、コンピュータ・「メーカー」をも創り、巨大業界・巨大市場誕生の牽引車となったのに、結局は成功者になれなかった二人。ＥＮＩＡＣからＵＮＩＶＡＣまで、その技術者たちの開発風景は型破りなところがあって、アップル社でのマッキントッシュ開発風景を思わせたりもするのだが、似ていないのは、エッカートたちがアメリカン・ドリームの体現者になれなかったことなのである。

とはいえ、著者がラーソン判決以後に出されたアタナソフの「名誉回復」本を強く意識していることは、本文を読めば明らかだろう。判決は政治的判断によるものではないのか。エッカート側に足りないことがあって不利になっただけではないのか……本書を読んでいると、ついそう思いたくなる。だが、ここはやはり、さまざまな思惑による判決が下されるというドラマがあったのだ、と捉えるにとどめるべきだろう。こうした論争は、自分の中で結論を出す前に、異なる立場の本を複数読むことをお勧めする（巻末の参考文献リストを見られたい）。

また、前述したように、「元祖・本家」の技術論争をしたければ、対象となるマシンの定義をしっかりとしておかなければならない。「プログラム内蔵型コンピュータ」として世界初なのか、単に「電子式コンピュータ」として世界初なのか。その点、非常にきちんとした定義をしておいて、客観的にこの問題に判断を下しているのが、『誰がどうやってコンピュータを創ったのか？』（星野力著、共立出版刊）である。しかもこの本は、参考文献を一次資料、二次資料、その他に分けて用いており、科学者の書として当然のことながら、筆者としては、見習わなくてはという思いを強くしたものだ。

話が後回しになったが、本書は *Scott McCartney: ENIAC - The Triumphs and Tragedies of the World's First Computer* (Walker and Company, 1999) の全訳である。著者スコット・マッカートニーは『ウォール・ストリート・ジャーナル』の専任記者で、臓器移植を扱ったノンフィクション書などを書いているが、それ以上の詳しい経歴などは、残念ながらデータがない。原書の刊行後、Amazon.comの読者書評などで事実誤認などの指摘もいくつかあったようだが、その指摘者と著者の両方にすべてを確認することもできないので、あえて原書の記述はそのままにしてあることを、お断りしておきたい。

また、本書は、翻訳家養成学校ユニ・カレッジの筆者のクラスで、テキストとして取り上げたため、その際の訳文の優れた部分を採用してあるが、全体の訳文に誤りがあれば、それは筆者の責任であることは、言うまでもない。クラスの面々は、左記のとおりである。

小林政子、塩谷勇人、鈴木英美、堤朝子、西田幸平、藤原隆雄、宮島泉美。

最後になったが、口絵用の写真を快くお貸しくださった日本ユニシス株式会社に、この場を借りてお礼申し上げる。

二〇〇一年六月、エッカートとアタナソフの七回忌に

日暮雅通

Atanasoff to Mauchly, October 7, 1941.
Ayres, Quincy C., to Atanasoff, October 16, 1941.
Bradbury, Norris E., director, Los Alamos Project, to Major General G. M. Barnes and Colonel Paul N. Gillon, March 18, 1946.
Cleaver, William E., to Jean Bartik, December 14, 1972.
Gillon, Colonel Paul N., to Moore School of Electrical Engineering, April 10, 1946.
Mauchly to Supreme Instruments Corp., Greenwood, Miss., September 27, 1939.
Mauchly to Atanasoff, January 19, 1941.
Mauchly to Atanasoff, February 24, 1941.
Mauchly to Atanasoff, March 31, 1941.
Mauchly to Atanasoff, May 27, 1941.
Mauchly to Atanasoff, June 7, 1941.
Mauchly to Atanasoff, June 22, 1941.
Mauchly to Sundstrand Co., Massachusetts, June 28, 1941.
Mauchly to Atanasoff, September 30, 1941.
Mauchly and J. Presper Eckert Jr. to S. Reid Warren, November 13, 1945.
Pender, Harold, to Eckert and Mauchly, March 22, 1946.
Warren to Mauchly, April 18, 1946.
Warren, memorandum, April 2, 1947.
Mauchly to Donald E. Knuth, Stanford University, September 2, 1971.

1977. OH 36, Charles Babbage Institute, University of Minnesota, Minneapolis.
Warren, S. Reid. Interview by Nancy Stern. Tape recording, Philadelphia, Penn., October 5, 1977. OH 38, Charles Babbage Institute, University of Minnesota, Minneapolis.

著者によるインタビュー

Antonelli, Kathleen Mauchly. Aberdeen, Md., and Ambler, Pa., November 14, 1996, and April 29, 1997.
Bartik, Jean. Aberdeen, Md., and Ambler, Pa., November 14, 1997, and April 29, 1997.
Butler, Lila. Aberdeen, Md., April 29, 1997.
Chernow, Joseph. Philadelphia, Pa., November 12, 1996.
Chu, Chuan. Telephone, May 10, 1997.
Davis, Jack. Quakertown, Pa., May 1, 1997.
Eckert, Judith. Aberdeen, Md., Gladwyne, Pa., and Ambler, Pa., November 13, 1996, and April 28, 1997.
Gluck, Simon E. Aberdeen, Md., April 30, 1996.
Goldstine, Herman H. Aberdeen, Md., September 13, 1996, and November 13, 1996.
Holberton, Elizabeth Snyder. Aberdeen, Md., November 14, 1996.
Huskey, Harry. Aberdeen, Md., November 14, 1996.
Kelleher, Herbert. Dallas, Tex., May 21, 1998.
Miller, Thomas A. Gladwyne, Pa., April 28, 1997.
Sheppard, Brad. Telephone, April 30, 1997.
Showers, Ralph. Telephone, May 1, 1997.

手紙、通信など

Atanasoff, John V., to John W. Mauchly, January 23, 1941.
Atanasoff to Charles E. Friley, president, Iowa State College, May 15, 1941.
Atanasoff to Mauchly, May 21, 1941.
Atanasoff to Richard Trexler, attorney at Cox. Moore and Olson, May 21, 1941.
Atanasoff to Mauchly, May 31, 1941.
Atanasoff to Trexler, August 5, 1941.

Washington, D.C.
——. Interview in Pennsylvania Triangle. University of Pennsylvania, Philadelphia, March 1962.
——. Interview by Nancy Stern. Tape recording, Blue Bell, Penn., October 28, 1977. OH 13, Charles Babbage Institute, University of Minnesota, Minneapolis.
Eckert, J. Presper, Kathleen Mauchly Antonelli, William Cleaver, and James McNulty. Interview by Nancy Stern. Tape recording, Philadelphia, Pa., January 23, 1980. OH 11, Charles Babbage Institute, University of Minesota, Minneapolis.
Elbourn, Robert D. Interview by Richard R. Mertz. Tape recording, March 23, 1971. No. 196, box 6, file 10, Computer Oral History Collection, Smithsonian Institution, Washington, D.C.
Fox, Margaret. Interview by James Ross. Tape recording, Minneapolis, Minn., April 13, 1983. OH 49, Charles Babbage Institute, University of Minnesota, Minneapolis.
Goldstine, Herman. Interview by Nancy Stern. Tape recording, Princeton, N.J., August 11, 1980. OH 18, Charles Babbage Institute, University of Minnesota, Minneapolis.
Holberton, Frances E. Interview by James Ross. Tape recording, Potomac, Md., April 14, 1983. OH 50, Charles Babbage Institute, University of Minnesota, Minneapolis.
Hopper, Grace. Interview. Tape recording, ca. 1976. OH 81, Charles Babbage Institute, University of Minnesota, Minneapolis.
Masterson, Earl Edgar. Interview by William Aspray and Robbin Clamons. Tape recording, St. Louis Park, Minn., June 30, 1986. OH 115, Charles Babbge Institute, University of Minnesota, Minneapolis.
Mauchly, John W. Interview by Esther Carr. Videotape recording, Ambler, Pa., 1978.
——. Interview by Christopher Evans for Pioneers of Computing (Science Museum, London). Tape recording, Philadelphia, Pa., ca. 1976. OH 26, Charles Babbage Institute, University of Minnesota, Minneapolis.
——. Interview by Henry S. Tropp. Tape recording, February 6, 1973. No. 196, Computer Oral History Collection, Smithsonian Institution, Washington, D.C.
McDonald, Robert Emmett. Interview by James Ross. Tape recording, Minneapolis, Minn., December 16, 1982. OH 45, Charles Babbage Institute, University of Minnesota, Minneapolis.
Metropolis, Nicholas C. Interview by Willam Aspray. Tape recording, Los Alamos, N.M., May 29, 1987. OH 135, Charles Babbage Institute, University of Minnesota, Minneapolis.
Travis, Irven. Interview by Nancy Stern. Tape recording, Paoli, Penn., October 21,

インタビューの保存記録

Alt, Franz. Interview by Henry Tropp. Tape recording, September 12, 1972. No. 196, box 1, file 10, Computer Oral History Collection, Smithsonian Institution, Washington, D.C.

Atanasoff, John V. Interview by Bonnie Kaplan. Tape recording, Washington, D.C., July 17, 1972. No. 196, box 2, file 14, Computer Oral History Collection, Smithsonian Institution, Washington, D.C.

——. Interview by Henry S. Tropp. Tape recording, Washington, D.C., February 18, 1972. No, 196, box 2, files 7, 9, 12, Computer Oral History Collection, Smithsonian Institution, Washington, D. C.

Auerbach, Isaac. Interview by Nancy Stern. Tape recording, April 10, 1978. OH 2, Charles Babbage Institute, University of Minnesota, Minneapolis.

——. Interview by Henry S. Tropp. Tape recording, Washington, D.C., February 17, 1972. No. 196, box 3, file 5, Computer Oral History Collection, Smithsonian Institution, Washington, D.C.

Bartik, Jean, and Frances E. Holberton. Interview by Henry S. Tropp. Tape recording, Washington, D.C., April 27, 1973. No. 196, box 3, file 6, Computer Oral History Collection, Smithsonian Institution, Washington, D.C.

Brainerd, John Grist. Interview. Tape recording. No. 196, January 8, 1970. Box 4, file 6, Computer Oral History Collection, Smithsonian Institution, Washington, D.C.

Burks, Arthur W. Interview by William Aspray. Tape recording, Ann Arbor, Mich., June 20, 1987. OH 136, Charles Babbage Institute, University of Minnesota, Minneapolis.

——. Interview by Christopher Evans for Pioneers of Computing (Science Museum, London). Tape recording, Ann Arbor, Mich., 1976. OH 78, Charles Babbage Institute, University of Minnesota, Minneapolis.

Burks, Arthur W., and Alice R. Burks. Interview by Nancy Stern. Tape recording, Ann Arbor, Mich., June 20, 1980. OH 75, Charles Babbage Institute, University of Minnesota, Minneapolis.

Chambers, Carl. Interview by Nancy Stern. Tape recording, Philadelphia, Pa., November 22, 1977. OH 7, Charles Babbage Institute, University of Minnesota, Minneapolis.

Eckert, J. Presper. Interview by David K. Allison. Tape recording, Washington, D.C., February 2, 1988. National Museum of American History, Smithsonian Institution,

Babbage vs. Gutenberg." Lecture at the National Bureau of Statistics Colloquium, Ambler, Pa., February 23, 1973.
——. Personal papers. Courtesy of Rare Book Collection, University of Pennsylvania Library, Philadelphia.
——. "The Use of High Speed Vacuum Tube Devices for Calculating." Unpublished memo. University of Pennsylvania, Philadelphia, ca. 1943.
Mauchly, John W., and J. Presper Eckert Jr. "A Progress Report on EDVAC." Internal document. University of Pennsylvania, Philadelphia, September 30, 1945.
Moore School of Electrical Engineering, University of Pennsylvania. "The ENIAC, Volume I. A Report Covering Work Until December 31, 1943." Document sent to the Ballistic Research Laboratory, Aberdeen Proving Ground, Md., ca. 1944.
——. "ENIAC Progress Report." Document sent to the Ballistic Research Laboratory, Aberdeen Proving Ground, Md., July 31, 1944.
——. "Minutes of Patent Meeting." Transcript produced by stenographer, ca. 1946.
——. "Report of a Diff. Analyzer." Document sent to the Ballistic Research Laboratory, Aberdeen Proving Ground, Md., April 2, 1943.
Petzinger, Thomas, Jr. "Female Pioneers Fostered Practicality in Computer Industry." *Wall Street Journal*, November 22, 1996.
——. "History of Software Begins with the Work of Some Brainy Women." *Wall Street Journal*, November 15, 1996.
Smith, Sharon. "Clash of the Titans." *Computer Weekly*, March 7, 1996.
Von Neumann, John. "First Draft of a Report on the EDVAC." Unpublished document. Moore School of Electrical Engineering, University of Pennsylvania, Philadelphia, June 30, 1945.「ＥＤＶＡＣに関する報告書 —— 草稿」ジョン・フォン・ノイマン。『エレクトロニクス・イノベーションズ』日経エレクトロニクス・ブックス（1981年4月）に収録。
Weik, Martin H. "The ENIAC Story." *Ordnance*, January-February 1961.
Wilkes, Maurice V. "A Tribute to Presper Eckert." *Communications of the ACM* 38, no. 9 (September 1995): 20-22.
Winegrade, Dilys. "Celebrating the Birth of Modern Computing." *IEEE Annals of the History of Computing* 18, no. 1 (spring 1996): 5-9.
Zuniga, Janine. "IBM Scientist: Kasparov Could Have Played for Draw in Game 2." Associated Press, May 7, 1997.

no. 1 (spring 1996): 25-44.

Electronic Control Company and Eckert-Mauchly Computer Corporation. Corporate papers. Hagley Museum and Library, Wilmington, Del.

ENIAC Trial Records. Depositions, complaints, transcripts, exhibits, briefs, and decision. *Honeywell Inc. v Sperry Rand Corp. et al.*, no. 4-67, civ. 138, Minn. Filed May 26, 1967, decided October 19, 1973.

Fritz, W. Barkley. "ENIAC – a Problem Solver." *IEEE Annals of the History of Computing* 16, no. 1 (spring 1994): 25-45.

——. "The Women of ENIAC." *IEEE Annals of the History of Computing* 18, no. 3 (fall 1996): 13-28.

Goldstine, Herman H. "Computers at the University of Pennsylvania's Moore School, 1943-1946." Jayne Lecture delivered January 24, 1991, and reprinted in *Proceedings of the American Philosophical Society* 136, no. 1 (1992).

Goldstine, Herman H., and A. Goldstine. "The Electronic Numerical Integrator and Computer (ENIAC)." *IEEE Annals of the History of Computing* 18, no. 1 (spring 1996): 10-16.

Grier, David. "The ENIAC, the Verb 'to Program,' and the Emergence of Digital Computers."IEEE Annals of the History of Computing 18, no. 1 (spring 1996): 51-55.

Hartee, D. R. "The ENIAC, an Electronic Computing Machine." *Nature*, October 12, 1946, 500-506.

Hopper, Grace M., and John W. Mauchly. "Influence of Programming Techniques on the Design of Computers." *Proceedings of the Institute of Radio Engineers* 41 (October 1953): 1250-54.

Infield, Tom. "Faster Than a Speeding Bullet." *Philadelphia Inquirer*, February 4, 1996.

Kempf, Karl. "Electronic Computers within the Ordnance Corps." Ballistic Research Laboratory, Aberdeen Proving Ground, Md., November 1961.

Kennedy, T. R. "Electronic Computer Flashes Answers, May Speed Engineering." *New York Times*, February 15, 1946.

Ledger, Marshall. "ENIAC." *Pennsylvania Gazette*, October 1982.

Marcus, Mitchell, and Atsushi Akera. "Exploring the Architecture of an Early Machine: The Historical Significance of the ENIAC Machine Architecture." *IEEE Annals of the History of Computing* 18, no. 1 (spring 1996): 17-24.

Mauchly, John W. "Mathematical Machines with Myths Concerning Their Makers, or box 2, file 3, Computer Oral History Collection, Smithsonian Institution, Washington, D.C.

Brainerd, J. Grist. Text of address to the Society for the History of Technology, Washington, D.C., October 17, 1975. University of Pennsylvania archives, Philadelphia.

Burks, Arthur W. "From ENIAC to the Stored-Program Computer: Two Revolutions in Computing." In *A History of Computing in the Twentieth Century*, ed. Nicholas Metropolis, Jack Howlett, and Gian-Carlo Rota. New York: Academic Press, 1980, 311-44.

Burks, Arthur W., and A. R. Burks. "The ENIAC." *IEEE Annals of the History of Computing* 3, no. 4 (October 1981): 310-99.

Burks, Arthur W., Herman H. Goldstine, and John von Neumann. "Preliminary Discussion of the Logical Design of an Electronic Computing Instrument." Report for Research and Development Service, Ordnance Department, U.S. Army. 2nd ed., September 2, 1947.

Chapline, Joseph. "The Second Miracle of Philadelphia." Unpublished essay. Newbury, N.H., May 4, 1995.

Clippinger, R. F. "A Logical Coding System Applied to the ENIAC." Report no. 673. Aberdeen Proving Ground, Md., September 29, 1948.

Costello, John. "As the Twig Is Bent: The Early Life of John Mauchly." *IEEE Annals of the History of Computing* 18, no. 1 (spring 1996): 45-50.

——. "The Little Known Creators of the Computer." *Nation's Business*, December 1975, pp. 56-62.

Dewees, Anne. "It's a Better World, Thanks to John." *Sperry UNIVAC News* (Sperry Corp., Blue Bell, Penn.) 4, no. 3 (February 1980): 1-8.

Eckert, J. Presper, Jr. "Eulogy for John Mauchly." Reprinted in *Sperry UNIVAC News* 4, no. 3 (February 1980): 6.

——. Personal papers. Courtesy of Judy Eckert.

——. "A Survey of Digital Computer Memory Systems." *Proceedings of the Institute of Radio Engineers* 41 (October 1953): 1393-406.

——. "Yesterday, Today, and Tomorrow." Keynote speech, Imperial Hotel, Tokyo, Japan, April 15, 1991.

Eckert, John Presper, Jr., and John W. Mauchly. "Electronic Numerical Integrator and Computer." U.S. patent no. 3,120,606, filed June 26, 1947, issued February 4, 1964.

Eckstein, Peter. "J. Presper Eckert." *IEEE Annals of the History of Computing.* 18,

Metropolis, Nicholas, Jack Howlett, and Gian-Carlo Rota, eds. *A History of Computing in the Twentieth Century*. New York: Academic Press, 1980.

Mollenhoff, Clark R. *Atanasoff: Forgotten Father of the Computer*. Ames, Iowa: Iowa University Press, 1988.『ＥＮＩＡＣ神話の崩れた日』クラーク・Ｒ・モレンホフ著、最相力／松本泰男共訳、工業調査会刊、1994年。

Randell, Brian, ed. *The Origins of Digital Computers: Selected Papers*. Berlin: Springer-Verlag, 1973.

Rheingold, Howard. *Tools for Thought*. New York: Simon and Schuster, 1985.『思考のための道具』ハワード・ラインゴールド著、栗田昭平監訳、青木真美訳、パーソナルメディア、1987年。

Rhodes, Richard. *The Making of the Atomic Bomb*. New York: Simon and Schuster, 1986.

『原子爆弾の誕生 ―― 科学と国際政治の世界史』上下巻、リチャード・ローズ著、神沼二真／渋谷泰一共訳、啓学出版刊、1993年／紀伊国屋書店刊、1995年。

Ritchie, David. *The Computer Pioneers*. New York: Simon and Schuster, 1986.

Shurkin, Joel. *Engines of the Mind: A History of the Computer*. New York: Norton, 1984.『コンピュータを創った天才たち』ジョエル・シャーキン著、名谷一郎訳、草思社刊、1989年。

Stern, Nancy. *From ENIAC to UNIVAC: An Appraisal of the Eckert-Mauchly Computers*. Bedford, Mass.: Digital Press, Digital Equipment Corp., 1981.

Watson, Thomas Jr., and Peter Petre. *Father and Son & Co*. London: Bantam Press, 1990.『IBMの息子 ――トーマス・Ｊ．ワトソン・ジュニア自伝』上下巻 、トーマス・Ｊ．ワトソン・ジュニア著、高見浩訳、新潮社刊、1991年。

Wulforst, Harry. *Breakthrough to the Computer Age*. New York: Charles Scribner's Sons, 1982.

新聞、雑誌、定期刊行物、論文など

Atanasoff, John V. "Computing Machine for the Solution of Large Systems of Linear Algebraic Equations." Unpublished paper. No. 196, box 8, file 26, Computer History Archives, Smithsonian Institution, Washington, D.C.

Auerback, Isaac, chair. "Panel on Computer Development." Association of Computing Machinery, Twentieth Anniversary meeting, August 30, 1967. Transcript in no. 196,

参考文献

書籍

Augarten, Stan. *Bit by Bit*. New York: Ticknor and Fields, 1984.

Bartimus, Tad, and Scott McCartney. *Trinity's Children*. New York: Harcourt Brace Jovanovich, 1991.

Burks, Alice R., and Arthur W. Burks. *The First Electronic Computer: The Atanasoff Story*. Ann Arbor, Mich.: University of Michigan Press, 1988.『誰がコンピュータを発明したか』アリス・R・バークス／アーサー・W・バークス共著、大座畑重光監訳、マッカーズ訳、工業調査会刊、1998年。

Campbell-Kelly, Martin, and William Aspray. *Computer: A History of the Information Age*. New York: HarperCollins, 1996.『コンピューター200年史 ── 情報マシーン開発物語』M・キャンベルーケリー／W・アスプレイ共著、山本菊男訳、海文堂出版刊、1999年。

Campbell-Kelly, Martin, and Michael R. Williams, eds. *The Moore School Lectures*. Vol. 9 in the Charles Babbage Institute reprint series on the history of computing. Cambridge, Mass.: MIT Press, 1985.

Carpenter, B. E., and R. W. Doran, eds. *A. M. Turing's ACE Report of 1946 and Other Papers*. Cambridge, Mass.: MIT Press, 1986.

Ceruzzi, Paul E. *Reckoners: The Prehistory of the Digital Computer from Relays to the Stored Program Concept, 1935-1945*. Westport, Conn.: Greenwood Press, 1983.

Goldstine, Herman H. *The Computer from Pascal to von Neumann*. Princeton, N.J.: Princeton University Press, 1972.『計算機の歴史 ── パスカルからノイマンまで』ゴールドスタイン著、末包良太／米口肇／犬伏茂之共訳、共立出版刊、1979年。

Lukoff, Herman. *From Dits to Bits: A Personal History of the Electronic Computer*. Portland, Oreg.: Robotics Press, 1979.

Macrae, Norman. *John von Neumann: The Scientific Genius Who Pioneered the Modern Computer, Game Theory, Nuclear Deterrence, and Much More*. New York: Pantheon, 1992.『フォン・ノイマンの生涯』ノーマン・マクレイ著、渡辺正／芦田みどり共訳、朝日新聞社刊、1998年。

ま

ら

わ

は

索引

著者紹介

スコット・マッカートニー（Scott McCartney）

Wall Street Journalのスタッフライター。1993〜1995年にコンピュータ産業の取材を担当。著書に臓器移植を扱った"*Defying the Gods: Inside the New Frontiers of Organ Transplants,*"（Lisa Drew Books,1994.『移植　いま何が起きているか』林克己訳、三田出版会、1995）とTed Bartimusとの共著で"*Trinity's Children: Living Along America's Nuclear Highway*"がある。

訳者略歴

日暮雅通（ひぐらし・まさみち）

1954年生まれ。青山学院大学理工学部卒。著作権エージェンシー、出版社勤務などを経て、英米文芸およびテクノロジーの翻訳家に。日本推理作家協会会員。
訳書：スティーヴンスン『スノウ・クラッシュ』（ハヤカワ文庫）、ストーク『HAL伝説』（早川書房）、スモーラン＆アーウィット『サイバースペース24時』（エムディエヌコーポレーション）、サッフォ『シリコンバレーの夢』（ジャストシステム）、スキャネル『パソコンビジネスの巨星たち』（ソフトバンク）、ヤング『スティーブ・ジョブズ』（JICC出版局）ほか多数。

エニアック
世界最初のコンピュータ開発秘話

2001年8月10日　初版1刷発行

著　者　スコット・マッカートニー
訳　者　日暮雅通
発行所　パーソナルメディア株式会社
〒142-0051　東京都品川区平塚1-7-7 MYビル
TEL （03）5702-0502
振替　00140-6-105703
印刷・製本　日経印刷株式会社

ISBN 4-89362-183-1　C0055